普通高等教育电气工程与自动化（应用型）"十三五"规划教材

单片机应用技术

主　编　高　成
副主编　李桂君　张冬梅
参　编　马　航　马智慧

U0360853

机械工业出版社

本书介绍了 MCS-51 单片机的原理与应用，对单片机的基本结构、中断系统、定时器、串行口等功能部件的工作原理进行了完整介绍。从应用的角度出发，改变了原有教学顺序，采取模块化结构编排教学内容，打破了传统的单一教学模式，章节编排更加合理，通用性、系统性和实用性更好。本书充分体现了本课程的实践技术性教学特色，注重对常用单片机应用系统的介绍，并给出了实例，所介绍的各种设计方案均为常用、典型的方案，实例均用 Keil、Proteus 软件进行了仿真，使读者能很快地掌握典型的 MCS-51 单片机应用系统的设计，提高学生的学习兴趣，激发学生的创新思维。

本书可作为高等学校电气类、自动化类、电子信息类、机械类等相关专业单片机课程的教学用书，也可供广大从事单片机应用系统开发的工程技术人员阅读。

图书在版编目（CIP）数据

单片机应用技术/高成主编. —北京：机械工业出版社，2017.11
普通高等教育电气工程与自动化（应用型）"十三五"规划教材
ISBN 978-7-111-58425-4

Ⅰ.①单… Ⅱ.①高… Ⅲ.①单片微型计算机-高等学校-教材
Ⅳ.①TP368.1

中国版本图书馆 CIP 数据核字（2017）第 270853 号

机械工业出版社（北京市百万庄大街 22 号　邮政编码 100037）
策划编辑：王　康　责任编辑：王　康　王小东
责任校对：杜雨霏　封面设计：张　静
责任印制：李　昂
河北鹏盛贤印刷有限公司印刷
2018 年 1 月第 1 版第 1 次印刷
184mm×260mm · 14 印张 · 339 千字
标准书号：ISBN 978-7-111-58425-4
定价：35.00 元

前 言

单片机应用技术课程是一门技术性和实践性很强的专业课，其理论与实践是高等院校，特别是应用型教学院校学生不可缺少的知识和技能。本书在编写过程中，精选了单片机原理及接口技术的基本知识，并注意反映当代单片机技术发展的趋势，较好地体现了培养应用型人才的特色。

1. 体系清晰

摒弃传统工科教材知识点设置按部就班、理论讲解枯燥无味的弊端；学习和借鉴优秀教材的写作思路、写作方法，以及人文学科教材的写作模式，风格清新活泼，抓住学生的兴趣点，让教材为学生所用，而不让学生对教材产生畏惧情绪；将新知识点与以前学过的内容相融合，注重讲述知识点的综合运用；以学生为本，考虑就业市场的发展变化并反映到教材中，编写贴合学生实际的教材；强化案例式教学，编写过程中有机融入最新的实例以及操作性较强的案例。

2. 内容典型

近年来单片机产品市场百花齐放，功能各异的单片机系列产品不断推出。但是，许多单片机新品仍以 MCS-51 单片机为内核。本书以 MCS-51 单片机为讲解对象，不但可以学习MCS-51 单片机相关内容，还可以在此基础上，更加容易地学习和应用其他种类的单片机。与市场上同类教材相比，本书目标明确，重点突出，内容编写有利于教师教学和学生自学。

3. 注重应用

本书以 MCS-51 和汇编语言等经典内容为主，较好地处理了经典内容与现代内容的关系，针对单片机课程教学实践性强的特点，从应用型人才培养的要求出发，充分体现本课程的实践技术型教学特色，注重对常用单片机应用系统的介绍，并给出实例，所介绍的各种设计方案均为常用、典型的方案，使读者能很快地掌握典型的 MCS-51 单片机应用系统的设计，提高学生的学习兴趣，激发学生的创新思维。

4. 方便教学

从应用的角度出发，改变了原有教学顺序，采取模块化结构编排单片机教学内容，打破传统的单一教学模式，章节编排更加合理，通用性、系统性和实用性更好。

单片机理论内容繁多，本书注重归纳共性和总结规律，结构采用以人的认识规律为导向的模块化结构，以便学生能够轻松地理解和掌握技术原理；本书结构紧凑，知识面广；在叙述上重点突出，条理清晰，语言精练流畅、通俗易懂，便于知识点的理解和进一步掌握。

编写力求简而精，突出重点，既保持了知识的系统性，又注重以浅显易懂的方式切入主题透析难点，使学生花较少的时间就能对单片机的相关知识有一个较全面的了解，适应快节奏学习的需要。

由于作者水平有限，书中难免有不妥之处，恳请广大读者批评指正。

编 者

目 录

第1章

MCS-51单片机及硬件结构

本章学习任务：

- 了解单片机的分类和发展历史。
- 了解单片机的特点及应用。
- 了解 MCS-51 系列单片机的种类和特点。
- 掌握单片机内部结构。
- 掌握单片机引脚功能。
- 掌握单片机的存储器空间分配。
- 掌握单片机的复位电路、时钟电路及指令时序。

在一块硅片上集成了中央处理器（CPU）、存储器（ROM，RAM，EPROM）、I/O 接口、定时器/计数器、中断控制、系统时钟及总线等，这样一块芯片具有一台计算机的功能，因而被称为单片微型计算机（Single Chip Microcomputer）或单片微控制器（Microcontrller Unit），简称单片机（SCM 或 MCU）。单片机只需要与适当的软件及外部设备相结合，便可成为一个单片机控制系统。

1.1　MCS-51 单片机基础

1.1.1　单片机的发展历程

1946 年世界上公认的第一台电子数字计算机 ENIAC（Electronic Numerical Integrator And Computer）在美国宾西法尼亚大学诞生起，计算机在发展过程中主要是朝着大型化和快速化发展。计算机功能大致演变过程为：从数值计算的人力替代到近代计算机的海量数值计算到过程的模拟仿真、分析和决策。在此期间，随着大规模集成电路技术的不断发展和人们需求的多样化，微型计算机异军突起，从而导致计算机向两个方向发展：一个是向高速度、高性能的通用计算机方向发展；另一个是向稳定可靠、小而廉的嵌入式计算机或专用计算机方向发展。

计算机专业领域集中精力发展通用计算机系统的软、硬件技术，不必兼顾嵌入式应用的要求，通用微处理器迅速从 286、386、486、586 发展到奔腾系列，操作系统则迅速升级到高速海量的数据文件处理水平，使通用计算机进入了一个新的阶段。嵌入式计算机系统则走上了一条完全不同的道路，这条独立发展的道路就是单片化道路，将计算机做在一块芯片上，从而开创了嵌入式系统独立发展的单片机时代。

单片机是最典型的嵌入式系统，起源于微型计算机时代。单片机的出现实现了最底层的嵌入式系统应用，带有明显的电子系统设计模式的特点。大多数从事单片机应用开发的人员都是对象系统领域中的电子工程师，他们将单片机以智能化器件的身份用于电子系统，脱离了计算机专业领域，没有带入"嵌入式系统"的概念。但从学科的角度应该把它统一成"嵌入式系统"。单片机的产生与应用将发展计算机技术扩展到传统的电子系统领域，使计算机成为人类社会全面智能化的有力工具。

单片机的发展大致经历了 4 个阶段：

第一阶段（1970 年—1974 年），为 4 位单片机阶段；

第二阶段（1974 年—1978 年），为低中档 8 位单片机阶段；

第三阶段（1978 年—1983 年），为高档 8 位单片机阶段；

第四阶段（1983 年至今），为 8 位单片机巩固发展阶段及 16 位、32 位单片机推出阶段。

1.1.2　单片机的应用

1. 单片机的主要特点

（1）小巧灵活、成本低、易于产品化。它能方便地组装成各种智能式测控设备及各种智能仪器仪表。

（2）可靠性好，适应温度范围宽。单片机芯片本身是按工业测控环境要求设计的，能适应各种恶劣的环境，这是其它机种无法比拟的。

（3）易扩展，很容易构成各种规模的应用系统，控制能力强。单片机的逻辑控制能力很强，指令系统有各种控制功能专用指令。

（4）可以很方便地实现多机和分布式控制。

2. 单片机的主要用途

目前单片机已经渗透到我们生活的各个领域，几乎很难找到哪个领域没有单片机的踪迹。

（1）智能仪器仪表上的应用　单片机广泛应用于仪器仪表中，结合不同类型的传感器，可实现诸如电压、功率、频率、湿度、温度、流量、速度、厚度、角度、长度、硬度、元素、压力等物理量的测量。采用单片机控制使得仪器仪表数字化、智能化、微型化，且功能比起采用电子或数字电路更加强大。

（2）工业控制中的应用　用单片机可以构成形式多样的控制系统、数据采集系统。例如构成流水线的智能化管理，电梯智能化控制、各种报警系统，与计算机联网构成二级控制系统等。

（3）家用电器中的应用　现在的家用电器基本上都采用了单片机的控制，从电饭煲、洗衣机、空调机、彩电、其他音响视频器材，再到电子称量设备，单片机的控制方式五花八门，无所不在。

（4）计算机网络和通信领域中的应用　现代的单片机普遍具备通信接口，可以很方便地与计算机进行数据通信，为其在计算机网络和通信设备间的应用提供了极好的物质条件。现在的通信设备基本上都实现了单片机智能控制，从电话机、小型程控交换机、楼宇自动通信呼叫系统、列车无线通信，再到日常工作中随处可见的移动电话、集群移动通信、无线电对讲机等。

（5）单片机在医用设备领域中的应用　单片机在医用设备中的用途也相当广泛，例如医用呼叫机、各种分析仪、监护仪、超声诊断设备及病床呼叫系统等。

此外，单片机在工商、金融、科研、教育、国防航空航天等领域也都有着十分广泛的用途。

1.1.3　单片机的发展趋势

1. 制作工艺 CMOS 化（全盘 CMOS）

出于对低功耗的普遍要求，目前各大厂商推出的各类单片机产品都采用了 CHMOS 工艺。

80C51 系列单片机采用两种半导体工艺生产，一种是 HMOS 工艺，即高密度短沟道 MOS 工艺，另外一种是 CHMOS 工艺，即互补金属氧化物的 HMOS 工艺。CHMOS 是 CMOS 和 HMOS 的结合，除保持了 HMOS 的高速度和高密度的特点之外，还具有 CMOS 低功耗的特点。例如 8051 的功耗为 630mW，而 80C51 的功耗只有 120mW。在便携式、手提式或野外作业仪器设备上低功耗是非常有意义的。因此，在这些产品中必须使用 CHMOS 的单片机芯片。

2. 尽量实现单片化

由于工艺和其他方面的原因，很多功能部件并未集成在单片机芯片内部，用户通常的做法是根据系统设计的需要在外围扩展功能芯片。随着集成电路技术的快速发展，很多单片机生产厂家充分考虑到用户的需求，将一些常用的功能部件，如 A-D、D-A、PWM 以及 LCD 驱动器等集成到芯片内部，尽量做到单片化；同时，用户可以提出要求，由厂家量身定做（SoC 设计）或自行设计。

3. 共性与个性共存

如今的市场上为我们提供了种类繁多的单片机产品。从宏观上讲，有 RISC 和 CISC 两大类型；从微观上说，有 Intel、Motorola、Philips、Microchip、EMC、NEC 等公司的相关产品。在未来相当长的时间内，都将维持这种群雄并起、共性与个性共存的局面。

1.1.4　单片机的分类

20 世纪 80 年代以来，单片机有了新的发展，各半导体器件厂商纷纷推出自己的产品系列。迄今为止，市销单片机产品已达 60 多个系列，600 多个品种。按照 CPU 对数据处理位数来分，单片机通常可以分为以下四类：

1. 4 位单片机

4 位单片机的控制功能较弱，CPU 一次只能处理 4 位二进制数。这类单片机常用于计算器、各种形态的智能单元以及作为家用电器中的控制器。

2. 8 位单片机

8 位单片机的控制功能较强，品种最为齐全。与 4 位单片机相比，它不仅具有较大的存储容量和寻址范围，而且中断源、并行 I/O 接口和定时器/计数器个数都有了不同程度的增加，并集成有全双工串行通信接口。在指令系统方面，普遍增设了乘除指令和比较指令。特别是 8 位机中的高性能增强型单片机，除片内增加了 A-D 和 D-A 转换器以外，还集成有定时器捕捉/比较寄存器、监视定时器、总线控制部件和晶体振荡电路等。这类单片机由于其片内资源丰富且功能强大，主要在工业控制、智能仪表、家用电器和办公自动化系统中应用。代表产品有 Intel 公司的 MCS-51 系列机、荷兰 Philips 公司的 80C51 系列机（同 MCS-51 兼容）、Motorola 公司的 M6805 系列机、Microchip 公司的 PIC 系列机和 Atmel 公司的 AT89 系列机（同 MCS-51 兼容）等。

3. 16 位单片机

16 位单片机是在 1983 年以后发展起来的。这类单片机的特点是：CPU 是 16 位的，运算速度普遍高于 8 位机，有的单片机寻址能力高达 1MB，片内含有 A-D 和 D-A 转换电路，支持高级语言。这类单片机主要用于过程控制、智能仪表、家用电器以及作为计算机外部设备的控制器，典型产品有 Intel 公司的 MCS-96/98 系列机、Motorola 公司的 M68HC16 系列机、NS 公司的 HPC ××××系列机等。

4. 32 位单片机

32 位单片机的字长为 32 位，是单片机的顶级产品，具有极高的运算速度。近年来，随着家用电子系统的不断发展，32 位单片机的市场前景看好。这类单片机的代表产品有 Motorola 公司的 M68300 系列机、英国 Inmos 公司的 IM-ST414 和日立公司的 SH 系列机等。

1.1.5 MCS-51 系列单片机

MCS 是 Intel 公司生产的单片机的系列符号，例如 Intel 公司的 MCS-48、MCS-51、MCS-96 系列单片机。MCS-51 系列单片机既包括三个基本型 8031、8051、8751，也包括对应的低功耗型 80C31、80C51、87C51，因而 MCS-51 系列特指 Intel 公司的这几种型号的单片机。

20 世纪 80 年代中期以后，Intel 公司以专利转让的形式把 8051 内核技术转让给了许多半导体芯片厂家，如 Atmel、Philips、Analog Devices、Dallas 公司等。这些厂家生产的芯片是 MCS-51 指令系统兼容的单片机。这些兼容机与 8051 的系统结构（主要是指令系统）相同，采用 CMOS 工艺，因而常用 80C51 系列来统称所有具有 8051 指令系统的单片机。它们对 8051 一般都做了一些扩充，更有特点，其功能和市场竞争力更强，不应该把它们直接称为 MCS-51 系列单片机，因为 MCS 只是 Intel 公司专用的单片机系列符号。

在 MCS-51 系列里，所有产品都是以 8051 为核心电路发展起来的，它们都具有 8051 的基本结构和软件特征。从制造工艺来看，MCS-51 系列中的器件基本上可分为 HMOS 和 CMOS 两类。MCS-51 系列芯片及制造工艺如表 1-1 所示。

表 1-1　MCS-51 系列芯片及制造工艺

ROM 型	无 ROM 型	EPROM 型	片内 ROM/KB	片内 RAM/B	16 位定时器	制造工艺
8051	8031	8751	4	128	2	HMOS
8051AH	8031AH	8751H	4	128	2	HMOS
8052AAH	8032AH	8752BH	8	256	3	HMOS
80C51BH	80C31BH	87C51	4	128	2	CHMOS

MCS-51 系列及 80C51 系列单片机有多个品种。它们的指令系统相互兼容，主要在内部硬件结构上有些区别。目前使用的 MCS-51 系列单片机及其兼容产品通常分为以下几类：

1. 基本型

典型产品：8031/8051/8751。

8031 内部包括 1 个 8 位 CPU、128B RAM，21 个特殊功能寄存器（SFR）、4 个 8 位并行。I/O 口、1 个全双工串行口，2 个 16 位定时器/计数器，但片内无程序存储器，需外扩 EPROM 芯片。

8051 是在 8031 的基础上，片内又集成有 4KB ROM，作为程序存储器，是 1 个程序不超过 4KB 的小系统。ROM 内的程序是公司制作芯片时，代为用户烧制的，出厂的 8051 都是含有特殊用途的单片机。所以 8051 应用的程序已定，用于批量大的单片机产品中。

8751 是在 8031 基础上，增加了 4KB 的 EPROM，它构成了 1 个程序小于 4KB 的小系统，用户可以将程序固化在 EPROM 中，可以反复修改程序。但其价格相对于 8031 较贵。8031 外扩 1 片 4KB 的 EPROM 就相当于 8751。

2. 增强型

Intel 公司在 MCS-51 系列三种基本型产品基础上，又推出增强型系列产品，即 52 子系列，典型产品：8032/8052/8752。它们的内部 RAM 增加到 256B，8052、8752 的内部程序存储器扩展到 8KB，16 位定时器/计数器增至 3 个，6 个中断源，串行口通信速率提高 5 倍。

3. 低功耗型

代表性产品为：80C31/87C51/80C51。均采用 CMOS 工艺，功耗很低。例如，8051 的功耗为 630mW，而 80C51 的功耗只有 120mW，它们用于低功耗的便携式产品或航天技术中。此类单片机有两种掉电工作方式：一种掉电工作方式是 CPU 停止工作，其它部分仍继续工作；另一种掉电工作方式是，除片内 RAM 继续保持数据外，其它部分都停止工作。此类单片机的功耗低，非常适于电池供电或其它要求低功耗的场合。

4. 专用型

如 Intel 公司的 8044/8744，它们在 8051 的基础上，又增加一个串行接口部件，主要用于利用串行口进行通信的总线分布式多机测控系统。

再如美国 Cypress 公司最近推出的 EZU SR-2100 单片机，它是在 8051 单片机内核的基础上，又增加了 USB 接口电路，可专门用于 USB 串行接口通信。

5. 超 8 位型

在 8052 的基础上，采用 CHMOS 工艺，并将 MCS-96 系列（16 位单片机）中的一些 I/O 部件（如高速输入/输出（HSI/HSO）、A-D 转换器、脉冲宽度调制（PWM）、看门狗定时器（WDT 等）移植进来构成新一代 MCS-51 产品，功能介于 MCS-51 和 MCS-96 之间。Philips（飞利浦）公司生产的 80C552/87C552/83C552 系列单片机即为此类产品。目前此类单片机在我国已得到了较为广泛的应用。

6. 片内闪烁存储器型

随着半导体存储器制造技术和大规模集成电路制造技术的发展，片内带有闪烁（Flash）存储器的单片机在我国已得到广泛应用。例如，美国 Atmel 公司推出的 AT89C51 单片机。

在众多的 MCS-51 单片机及各种增强型、扩展型等衍生品种的兼容机中，Philips（飞利浦）公司生产的 80C552/87C552/83C552 系列单片机和美国 Atmel 公司的 AT89C51 单片机在我国使用较多。尤其是美国 Atmel 公司推出的 AT89C51 单片机。它是 1 个低功耗、高性能的含有 4KB 闪烁存储器的 8 位 CMOS 单片机，时钟频率高达 20MHz，与 MCS-51 的指令系统和引脚完全兼容。闪烁存储器允许在线（+5V）电擦除、电写入或使用编程器对其重复编程。此外，89C51 还支持由软件选择的两种掉电工作方式，非常适于电池供电或其他要求低功耗的场合。由于片内带 EPROM 的 87C51 价格偏高，而 89C51 芯片内的 4KB 闪烁存储器可在线编程或使用编程器重复编程，且价格较低，因此 89C51 受到了应用设计者的欢迎。

尽管 MCS-51 系列以及 80C51 系列单片机有多种类型，但是掌握好 MCS-51 的基本型（8031、8051、8751 或 80C31、80C51、87C51）是十分重要的，因为它们是具有 MCS-51 内核的各种型号单片机的基础，也是各种增强型、扩展型等衍生品种的核心。

本书常用 MCS-51 或 8031 这两个名称，MCS-51 是包括了 8031、8051 和 8751 三个基本产品的总称。后者，仅指特定的 8031。

1.2   单片机内部结构和工作原理

1.2.1   单片机的内部结构

8051 单片机内部包含了作为微型计算机所必需的基本功能部件，各功能部件相互独立集成在同一块芯片上。8051 单片机内部结构如图 1-1 所示，包含中央处理器（CPU）、存储器、定时器/计数器、I/O 接口器、中断控制系统等。

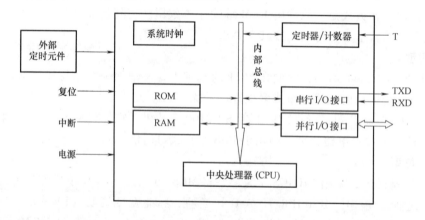

图 1-1   单片机内部结构

1. 存储器

在单片机内部，ROM 和 RAM 存储器是分开制造的。通常，ROM 存储器容量较大，RAM 存储器的容量较小。

（1）ROM（Read Only Memory）   ROM 一般为 1~32KB，用于存放应用程序，故又称为程序存储器。正常工作时，只能读不能写，停电后再加电期间信息不丢失。为了提高系统的可靠性，应用程序通常固化在片内 ROM 中。根据片内 ROM 的结构，单片机又可分为无 ROM 型、ROM 型和可擦除可编程只读存储器 EPROM（Electrically Programmable Read-Only Memory）型三类。

（2）RAM（Random Access Memory）   通常，单片机内 RAM 容量为 64~256B，最多可达到 48KB。RAM 主要用来存放实时数据或作为通用寄存器、数据堆栈和数据缓冲器之用。

正常工作时，既能读又不能写，停电后再加电期间信息会丢失。图 1-2 所示为 16×8RAM 的内部结构框图。

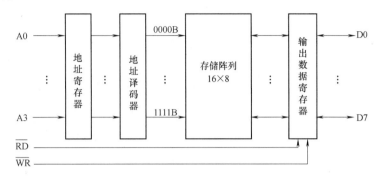

图 1-2　16×8RAM 的内部结构框图

2. 中央处理器（CPU）

中央处理器的内部结构如图 1-3 所示。

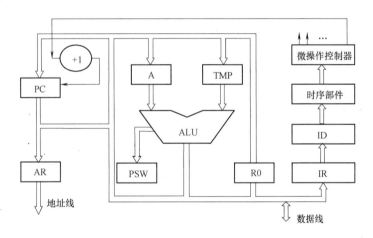

图 1-3　中央处理器的内部结构

8051 内部 CPU 由运算器（ALU）、控制器（定时控制部件等）和专用寄存器三部分构成。

（1）算术逻辑部件 ALU（Arithmetic Logic Unit）　8051 的 ALU 是一个运算器，进行加、减、乘、除四则运算，进行与、或、非、异或等逻辑运算，还具有数据传送、移位、判断和程序转移等功能。

（2）定时控制部件　定时控制部件起着控制器作用，由定时控制逻辑、指令寄存器 IR 和振荡器 OSC（Oscillator）等电路组成。指令寄存器 IR 用于存放从程序存储器中取出的指令码，定时控制逻辑用于对 IR 中指令码译码，并在 OSC 配合下产生指令的时序脉冲，以执行相应的指令。

OSC 是控制器的心脏，能为控制器提供时钟脉冲。时钟频率越高，单片机控制器的控制节拍就越快，运算速度也就越快，其频率是单片机的重要性能指标之一。不同型号的单片机所需要的时钟频率不同。

定时与控制逻辑：时序部件（时钟系统和脉冲分配器构成）和微操作控制部件组成；发送控制信号，协调各部件工作。

（3）专用寄存器组

累加器 A（Accumulator）：累加器 A 又记作 ACC，是一个最常用的 8 位特殊功能寄存器，它既可用于存放操作数，也可用于存放运算的中间结果。在进行算术或逻辑运算时，通常两个操作数中的一个放在 A 中，运算完成后，运算结果也存放在 A 中。指令系统中 A 表示累加器，ACC 表示累加器的符号地址。

通用寄存器 B（General Purpose Register）：它是一个 8 位的特殊功能寄存器，主要用于乘法和除法运算。乘法运算时，A 中存放被乘数，B 中存放乘数，完成乘法操作后，乘积的高 8 位存于 B 中，低 8 位存于 A 中；除法运算时，A 中存放被除数，B 中存放除数，完成除法操作后，商存于 A 中，余数存于 B 中。在其它指令中，B 可作为一般的寄存器使用，用于暂存数据。

程序状态字寄存器 PSW（Promgram Status Word）：PSW 是一个 8 位标志寄存器，用来存放指令执行后的有关状态。

PSW7	PSW6	PSW5	PSW4	PSW3	PSW2	PSW1	PSW0
Cy	AC	F0	RS1	RS0	OV	—	P

1）进位标志位 Cy（Carry）：用于表示加减运算过程中最高位 A7（累加器最高位）有无进位或借位。在加法运算时，若累加器最高位 A7 有进位，则 Cy=1；否则 Cy=0。在减法运算时，若 A7 有了借位，则 Cy=1；否则 Cy=0，此外，CPU 在进行移位操作时也会影响这个标志位。

2）辅助进位标志位 AC（Auxiliary Carry）：用于表示加减运算时低 4 位（即 A3）有无向高 4 位（即 A4 进位或借位）。若 AC=0，则表示加减过程中 A3 没有向 A4 进位或借位；若 AC=1，则表示加减过程中 A3 向 A4 有进位或借位。

3）用户标志位 F0（Flag Zero）：F0 标志位的状态通常不是机器在执行指令过程中自动形成的，而是由用户根据程序执行的需要通过传送指令确定。该标志位状态一经设定，便由用户程序直接检测，以决定用户程序的流向。

4）寄存器选择位 RS1 和 RS0：8051 共有 8 个 8 位工作寄存器，分别命名为 R0~R7。它在 RAM 中的实际物理地址是可以根据需要选定。RS1 和 RS0 就是为了这个目的提供给用户使用的，用户通过改变 RS1 和 RS0 的状态可以方便地决定 R0~R7 的实际物理地址，工作寄存器 R0~R7 的物理地址和 RS1、RS0 之间的关系如表 1-2 所示。

采用 8051 或 8031 做成的单片机控制系统，开机后的 RS1 和 RS0 总是为零状态，故 R0~R7 的物理地址为 00H~07H，即 R0 的地址为 00H，R1 的地址为 01H，……，R7 的地址为 07H。

但若机器执行如下指令：

MOV　PSW，#08H；

即 RS1、RS0 为 01B，则 R0~R7 的物理地址变为 08H~0FH。

表 1-2　RS1、RS0 对工作寄存器的选择

RS1、RS0	R0~R7 的组号	R0~R7 的物理地址
00	0	00H~07H
01	1	08H~0FH
10	2	10H~17H
11	3	18H~1FH

5）溢出标志位 OV（Overflow）：可以指示运算过程中是否发生了溢出，由机器执行指令过程中自动形成。若机器在执行运算指令过程中，累加器 A 中运算结果超出了八位数能表示的范围，则 OV 标志自动置 1；否则 OV = 0。因此，人们根据执行运算指令后的 OV 状态就可判断累加器 A 中的结果是否正确。

6）奇偶标志位 P（Parity）：PSW1 为无定义位，用户也可不使用。PSW0 为奇偶标志位 P 用于指示运算结果中"1"的个数的奇偶性。若 P = 1，则累加器 A 中"1"的个数为奇数；若 P = 0，则累加器 A 中"1"的个数为偶数。

例 1-1　RS1RS0 = 00B，F0 = 0，A = 85H，R0 = 20H，（20H）= AFH，执行如下指令，PSW 中各位的状态是什么？

$$
\begin{array}{r}
\text{ADD}\quad \text{A，@ R0} \\
1000\ 0101\text{B} \\
+1010\ 1111\text{B} \\
\hline
1001\ 0100\text{B}
\end{array}
$$

在加法过程中，低 4 位向高 4 位有进位，所以 AC = 1；最高位有进位，所以最高位进位 CP = 1，即 Cy = 1；次高位上无进位，所以次高位进位 CS = 0；运算结果中 1 的个数为 3，是奇数，所以 P = 1；OV 状态有如下关系确定：

$$OV = CP \oplus CS = 1 \oplus 0 = 1$$

所以 PSW = 11000101B = C5H

程序计数器 PC（Program Counter）：程序计数器 PC 是一个二进制 16 位的程序地址寄存器。当 CPU 顺序执行指令时，首先根据 PC 所指地址，取出指令，然后 PC 的内容自动加 1，指向下一条指令的地址。只有在执行转移、子程序调用指令及中断响应时例外，那时 PC 的内容不再加 1，而是被自动置入新的地址。单片机上电复位或按键复位时，PC = 0000H，CPU 就从 ROM 区 0000H 处开始执行程序。

堆栈指针 SP（Stack Pointer）：SP 是一个 8 位寄存器，能自动加 1 或减 1，专门用来存放堆栈的栈顶地址。堆栈是一种能按"先进后出"或"后进先出"规律存取数据的内部 RAM 区域，常称为堆栈区。8051 片内 RAM 共有 128 个字节，地址范围为 00H ~ 7FH，故这个区域中的任何子域都可以用作堆栈区，即作为堆栈来用。堆栈有栈顶和栈底之分，栈底由栈底地址标识，栈顶由栈顶地址指示。栈底地址是固定不变的，它决定了堆栈在 RAM 中的物理位置；栈顶地址始终在 SP 中，即由 SP 指示，是可以改变的，它决定堆栈中是否存放有数据。因此，当堆栈中空无数据时，栈顶地址必定和栈底地址重合，即 SP 中一定是栈底地址；当堆栈中存放的数据越多，SP 中的栈顶地址比栈底地址越大。

数据指针 DPTR（Data Pointer）：DPTR 是一个 16 位的寄存器，由两个 8 位寄存器 DPH 和 DPL 拼装而成，其中，DPH 为 DPTR 的高 8 位，DPL 为 DPTR 的低 8 位。DPTR 可以用来存放片内 ROM 的地址，也可以用来存放片外 RAM 和片外 ROM 的地址。

3. I/O 端口

（1）并行 I/O 端口　8051 有四个并行 I/O 端口，分别命名为 P0、P1、P2 和 P3，在这四个并行 I/O 端口中，每个端口都有双向 I/O 功能。即 CPU 既可以从四个并行 I/O 端口中的任何一个输出数据，又可以从它们那里输入数据。

P0 它的第一功能可以作为通用 I/O 口使用。它的第二功能和 P2 口引脚第二功能相配合，用于输出片外存储器的低 8 位地址，然后传送 CPU 对片外存储器的读写数据。

P1 口作通用 I/O 使用时，用于传递用户的输入/输出数据。

P2 口的第一功能是作为通用 I/O 口使用。它的第二功能和 P0 口引脚第二功能相配合，用于输出片外存储器的高 8 位地址。

P3 这组引脚的第一功能和其余三个端口的第一功能相同，第二功能起控制作用，如表 1-3 所示。

表 1-3　P3 口各位的第二功能

P3 口的位	第二功能	注释
P3.0	RXD	串行数据接收口
P3.1	TXD	串行数据发送口
P3.2	$\overline{INT0}$	外中断 0 输入
P3.3	$\overline{INT1}$	外中断 1 输入
P3.4	T0	计数器 0 计数输入
P3.5	T1	计数器 1 计数输入
P3.6	$\overline{WR}$	外部 RAM 写选通信号
P3.7	$\overline{RD}$	外部 RAM 读选通信号

（2）串行 I/O 端口　一个全双工的可编程串行 I/O 端口。串行发送数据线 TXD，串行数据接收线 RXD。在发送时，CPU 由一条写发送缓冲器的指令把数据写入串行口的发送缓冲器 SBUF 中，然后从 TXD 端一位位地向外发送。与此同时，接收端 RXD 也可一位位地接收数据，直到收到一个完整的字符数据后通知 CPU，再用一条指令把接收缓冲器中内容读入累加器。

4. 定时器/计数器

两个 16 位可编程序的定时器/计数器，命名为 T0 和 T1，具有四种工作方式。定时器/计数器 T0 由 TH0 和 TL0 构成，T1 由 TH1 和 TH1 构成。TMOD（定时器方式寄存器）用于控制和确定各定时器/计数器的功能和工作模式。TCON 用于控制定时器/计数器 T0、T1 启动和停止计数，同时包含定时器/计数器的状态。

5. 中断系统

中断是指计算机暂时停止源程序的执行转而为外部设备服务（执行中断服务程序），并在服务完成后自动返回源程序执行的过程。中断系统是指能够实现中断功能的硬件电路和软件程序。MCS-51 单片机中断系统有外部中断 0（$\overline{INT0}$）、外部中断 1（$\overline{INT1}$）、定时器 T0、T1 和串行口中断五个中断源，中断源有高级和低级二级中断优先权。

1.2.2　单片机的存储器结构

8051 的存储器在物理结构上分为程序存储器（ROM）空间和数据存储器（RAM）空间，共有四个存储器空间：片内程序存储器和片外程序存储器空间以及片内数据存储器和片外数据存储器空间，这种程序存储器和数据存储器分开的结构形式，称为哈佛结构。

从用户使用角度，8051 存储器地址空间分三类：64KB 片内、片外统一编址的程序存储器地址空间，地址范围 0000H ~ FFFFH（用 16 位地址）；64KB 片外数据存储器地址空间，地址范围 0000H ~ FFFFH（用 16 位地址）；基本型单片机，如 8031/8051 有 128B 片内数据空间存储器地址空间，地址范围 00H ~ 7FH（用 8 位地址），增强型单片机，如 8052AH/8752H 有 256B 片内数据空间存储器地址空间，地址范围 00H ~ FFH（用 8 位地址）。8051 单片机的存储器地址空间分配如图 1-4 所示。

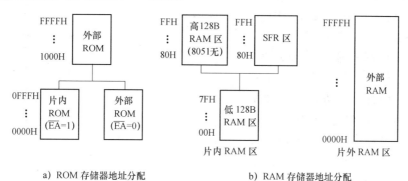

a) ROM 存储器地址分配   b) RAM 存储器地址分配

图 1-4 存储器空间分布图

上述三个存储空间的地址是重叠的，如何区分这三个不同的逻辑空间呢？8051 的指令系统设计了不同的数据传送指令符号：CPU 访问片内、片外 ROM 指令用 MOVC，访问片外 RAM 指令 MOVX，访问片内 RAM 指令用 MOV。

1. 程序存储器地址空间

程序存储器用于存放编好的程序和表格常数。程序存储器通过 16 位程序计数器寻址，寻址能力为 64KB，这使得指令能在 64KB 地址空间内任意跳转。8031 内部没有 ROM，只有 8051 才有 4KB ROM，地址范围为 0000H ~ 0FFFH。无论 8031 还是 8051，都可以外接 ROM，但片内和片外之和不能超过 64KB。

当引脚$\overline{EA}$接高电平时，8051 的程序计数器 PC 在 0000H ~ FFFFH 范围内（即前 4KB 地址）执行片内 ROM 中的程序；当指令地址超过 0FFFH 后，就自动转向片外 ROM 中去取指令。

当引脚$\overline{EA}$接低电平时（接地），8051 片内 ROM 不起作用，CPU 只能从片外 ROM/EPROM 中取指令，地址可以从 0000H 开始编址。这种接法特别适用于采用 8031 单片机的场合。由于 8031 片内不带 ROM，所以使用时必须使$\overline{EA} = 0$，以便能够从片外扩展 EPROM（如 2764、2732）中取指令。

2. 数据存储器地址空间

（1）片内 RAM 片内数据存储器最大可寻址 256 个单元，它们又分为两个部分，低 128B（00H ~ 7FH）是真正的 RAM 区，高 128B（80H ~ FFH）为特殊功能寄存器（SFR）区，如图 1-5 所示。

1）工作寄存器区：8051 的前 32 个单元（地址 00H ~ 1FH）称为寄存器区。其中，每 8 个寄存器形成一个寄存器组。通过对特殊功能寄存器 PSW 中 RS1、RS0 两位的编程设置，可选择任一寄存器组为工作寄存器组，方法如表 1-2 所示。

当某一组被设定成工作寄存器组后，该组中的 8 个寄存器，从低地址到高地址分别称为

R0~R7，从而可以把它们用作通用寄存器，并可按寄存器寻址方式被访问。一旦工作寄存器组被指定后，另外三组寄存器则同其他数据 RAM 一样，只能按字节地址被予以读写。

2）位寻址区：字节地址 20H 到 2FH 称为位地址区，共有 16 个字节，计 128 位，每位都有相应的位地址，位地址范围为 00H~7FH，如表 1-4 所示。位地址有两种表示方法：一种是用位地址表示，如位地址 7FH 表示 2FH 单元中的最高位；另一种表示方法是采用字节地址和位数相结合的表示法，例如，位地址 00H 可以表示成 2FH.0。

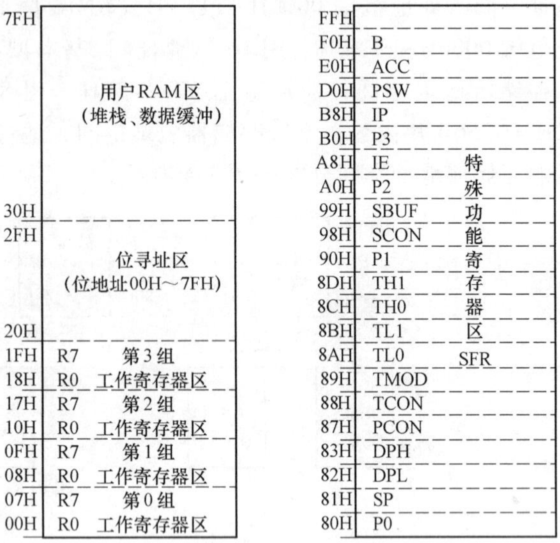

图 1-5 片内 RAM 地址空间

位寻址区有两种访问方式：一是按字节访问；另一种是通过位寻址，对位寻址区 128 位进行位操作。

字节访问：MOV A，2FH   ；将 2FH 中内容送 A

通过位操作：MOV C，7FH   ；将 2FH 最高位内容送入 C 中

MOV C，2FH.7   ；将 2FH 最高位内容送入 C 中

表 1-4　RAM 位寻址区位地址表

字节地址	MSB			位地址				LSB
2FH	7F	7E	7D	7C	7B	7A	79	78
2EH	77	76	75	74	73	72	71	70
2DH	6F	6E	6D	6C	6B	6A	69	68
2CH	67	66	65	64	63	62	61	60
2BH	5F	5E	5D	5C	5B	5A	59	58
2AH	57	56	55	54	53	52	51	50
29H	4F	4E	4D	4C	4B	4A	49	48
28H	47	46	45	44	43	42	41	40
27H	3F	3E	3D	3C	3B	3A	39	38
26H	37	36	35	34	33	32	31	30
25H	2F	2E	2D	2C	2B	2A	29	28
24H	27	26	25	24	23	22	21	20
23H	1F	1E	1D	1C	1B	1A	19	18
22H	17	16	15	14	13	12	11	10
21H	0F	0E	0D	0C	0B	0A	09	08
20H	07	06	05	04	03	02	01	00

MCS-51 的一个很大优点在于它具有一个功能很强的位处理器。在 MCS-51 的指令系统中，有一个位处理指令的子集，使用这些指令，所处理的数据仅为一位二进制数（0 或 1）。在 MCS-51 单片机内共有 211 个可寻址位，它们存在于内部 RAM（128 个）和特殊功能寄存器区（83 个）中。

3）便笺区：30H ~ 7FH，便笺区共有 80 个 RAM 单元，用于存放用户数据或作堆栈区使用。MCS-51 对便栈区中每个 RAM 单元是按字节存取的。

4）特殊功能寄存器（21 个）：8051 片内高 128B RAM 中，有 21 个特殊功能寄存器（SFR），它们离散地分布在 80H ~ FFH 的 RAM 空间中。访问特殊功能寄存器只允许使用直接寻址方式。特殊功能寄存器表 1-5 所示。

表 1-5　特殊功能寄存器表

序号	符 号	名　称	地址
1	* ACC	累加器	E0H
2	* B	B 寄存器	F0H
3	* PSW	程序状态字	D0H
4	SP	栈指针	81H
5	DPL	数据寄存器指针（低 8 位）	82H
6	DPH	数据寄存器指针（高 8 位）	83H
7	* P0	P0 口锁存寄存器	80H
8	* P1	P1 口锁存寄存器	90H
9	* P2	P2 口锁存寄存器	A0H
10	* P3	P3 口锁存寄存器	B0H
11	* IP	中断优先级控制寄存器	B8H
12	* IE	中断允许控制寄存器	A8H
13	TMOD	定时器/计数器工作方式寄存器	89H
14	* TCON	定时器/计数器工作方式寄存器	88H
15	TH0	定时器/计数器 0（高字节）	8CH
16	TL0	定时器/计数器 0（低字节）	8AH
17	TH1	定时器/计数器 1（高字节）	8DH
18	TL1	定时器/计数器 1（低字节）	8BH
19	* SCON	串行口控制寄存器	98H
20	SBUF	串行数据缓冲器	99H
21	PCON	电源控制及波特率选择寄存器	87H

注：带 * 可以位寻址。

在 21 个特殊功能寄存器中，有 11 个具有位寻址能力，它们的字节地址正好被 8 整除，其地址分布如表 1-6 所示。

表 1-6　特殊功能寄存器地址表

SFR	MSB			位地址/位定义				LSB	字节地址
B	F7	F6	F5	F4	F3	F2	F1	F0	F0H
ACC	E7	E6	E5	E4	E3	E2	E1	E0	F0H
PSW	D7	D6	D5	D4	D3	D2	D1	D0	D0H
	Cy	AC	F0	RS1	RS0	OV	F1	P	
IP	BF	BE	BD	BC	BB	BA	B9	B8	B8H
	—	—	—	PS	TP1	PX1	PT0	PX0	
P3	B7	B6	B5	B4	B3	B2	B1	B0	B0H
	P3.7	P3.6	P3.5	P3.4	P3.3	P3.2	P3.1	P3.0	
IE	AF	AE	AD	AC	AB	AA	A9	A8	A8H
	EA	—	—	ES	ET1	EX1	ET0	EX0	
P2	A7	A6	A5	A4	A3	A2	A1	A0	A0H
	P2.7	P2.6	P2.5	P2.4	P2.3	P2.2	P2.1	P2.0	
SCON	9F	9E	9D	9C	9B	9A	99	98	98H
	SM0	SM1	SM2	SM3	SM4	SM5	SM6	SM7	
P1	97	96	95	94	93	92	91	90	90H
	P1.7	P1.6	P1.5	P1.4	P1.3	P1.2	P1.1	P1.0	
TCON	8F	8E	8D	8C	8B	8A	89	88	88H
	TF1	TR1	TF0	TR0	IE1	IT1	IT0	IE0	
P0	87	86	85	84	83	82	81	80	80H
	P0.7	P0.6	P0.5	P0.4	P0.3	P0.2	P0.1	P0.0	

（2）片外 RAM　MCS-51 应用系统往往是一个扩展系统。当片内 RAM 不够用时，可在片外部扩充数据存储器。MCS-51 给用户提供了可寻址 64KB（0000H～FFFFH）的外部扩充 RAM 的能力，至于扩多少 RAM，则根据用户实际需要来决定。

1.2.3　单片机的引脚功能

MCS-51 系列机中各种芯片的引脚是相互兼容的，只是引脚功能略有差异。在器件引脚的封装上，MCS-51 系列机通常有两种封装方式：一种是方形封装，常为 CHMOS 型器件所用；另一种是双列直插式封装，常为 HMOS 型器件所用。MCS-51 系列机中，8051 单片机是高性能单片机，因为受到引脚的限制，所以有不少引脚具有第二功能，如图 1-6 所示。

MCS-51 单片机引脚及功能如下：

（1）电源引脚

1）VCC（40 脚）——+5V 电源线。

2）VSS（20 脚）——接地线。

（2）时钟电路引脚（晶振引脚）

1）XTAL1（19 脚）：接外部晶体和微调电容的另一端；在片内它是振荡电路反相放大器的输入端。在采用外部时钟时，对 HMOS 型工艺单片机而言，此引脚接地；对 CHMOS 型

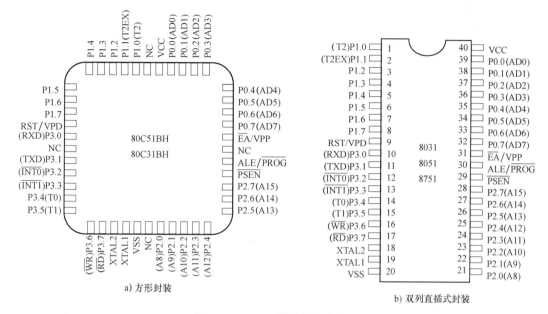

图 1-6　MCS-51 封装和引脚分配

而言，该引脚应接外部时钟输入端。

2）XTAL2（18 脚）：接外部晶体和微调电容的一端；在 8051 片内它是振荡电路放大器的输出端。若需采用外部时钟电路时，对 HMOS 型工艺单片机，此引脚应接外部时钟的输入端；对 CHMOS 型单片机而言，此引脚应悬空。要检查 8051/8031 的振荡电路是否正常工作，可用示波器查看 XTAL2 端是否有脉冲信号输出。

（3）控制信号引脚

1）ALE/$\overline{\text{PROG}}$（30 脚）：地址锁存允许信号输出/编程脉冲输入引脚。

当 CPU 访问片外存储器时，ALE 输出信号控制锁存 P0 口输出的低 8 位地址，从而实现 P0 口数据与低位地址的分时复用。当 8051 上电正常工作后，自动在 ALE 端输出频率为 $f_{\text{osc}}/6$ 的脉冲序列（f_{osc} 代表振荡器的频率）。该引脚的第二功能 $\overline{\text{PROG}}$ 是对 8751 内部 4KB EPROM 编程写入时，作为编程脉冲的输入端。

2）$\overline{\text{EA}}$/VPP（31 脚）：允许访问片外存储器/编程电源线。

$\overline{\text{EA}}=0$，允许使用片外 ROM；$\overline{\text{EA}}=1$，允许使用片内 ROM。对于 8031，由于片内无 ROM，故 $\overline{\text{EA}}$ 必须接低电平。该引脚第二功能 VPP 是对 8751 片内 EPROM 编程写入时，作为 21V 编程电压的输入端。

3）$\overline{\text{PSEN}}$（29 脚）：片外 ROM 读选通信号端。

在读片外 ROM 时，$\overline{\text{PSEN}}$ 有效，为低电平，以实现对片外 ROM 的读操作。

4）RST/VPD（9 脚）：复位线/备用电源。

该引脚的第一功能是复位信号输入端，高电平有效。当此输入端保持两个机器周期的高电平时，就可以完成复位操作。该引脚的第二功能是备用电源的输入端。当主电源 VCC 发生故障，降低到低电平规定值时，将+5V 电源自动接入该引脚，为 RAM 提供备用电源，以保证存储在 RAM 中的信息不丢失，从而复位后能继续正常工作。

（4）输入/输出端口

1）P0 口 （P0.7～P0.0）

P0.7 为最高位，P0.0 为最低位。这 8 条引脚共有两种不同的功能，分别使用于两种不同情况。第一种情况是 8051 不带片外存储器，P0 可以作为通用 I/O 口使用，P0.7～P0.0 用于传送 CPU 的输入/输出数据。这时，输出数据可以得到锁存，不需外接专用锁存器，输入数据可以得到缓冲，增加了数据输入的可靠性。第二种情况是 8051 带片外存储器，P0.7～P0.0 在 CPU 访问片外存储器时先是用于传送片外存储器的低 8 位地址，然后传送 CPU 对片外存储器的读写数据。

2）P1 口 （P1.7～P1.0）

这 8 条引脚和 P0 口的 8 条引脚类似，P1.7 为最高位，P1.0 为最低位。当 P1 口作为通用I/O 使用时，P1.7～P1.0 的功能和 P0 口的第一功能相同，也用于传送用户的输入/输出数据。

3）P2 口 （P2.7～P2.0）

这组引脚的第一功能可以作为通用 I/O 使用。它的第二功能和 P0 口引脚的第二功能相配合，用于输出片外存储器的高 8 位地址，共同选中片外存储器单元，但并不能像 P0 口那样还可以传送存储器的读写数据。

4）P3 口 （P3.7～P3.0）

这组引脚的第一功能和其余三个端口的第一功能相同。第二功能作控制用，如表 1-3 所示。

1.2.4　时钟电路与时序

单片机的时序就是 CPU 在执行指令时所需控制信号的时间顺序。因此，微型计算机中的 CPU 实质上就是一个复杂的同步时序电路，这个时序电路是在时钟脉冲推动下工作的。在执行指令时，CPU 首先要到程序存储器中取出需要执行指令的指令码，然后对指令码译码，并由时序部件产生一系列的控制信号去完成指令的执行。这些控制信号在时间上的相互关系就是 CPU 时序。

1. 时钟信号的产生

单片机的时钟信号是用来为芯片内部各种微操作提供时间基准。8051 的时钟产生方式：内部振荡和外部时钟方式。

（1）内部振荡方式　8051 芯片内部有一个高增益反相放大器，用于构成振荡器。反相放大器的输入端为 XTAL1，输出端为 XTAL2，分别为 8051 的 19 引脚和 18 引脚，在 XTAL1 和 XTAL2 两端跨接石英晶体及两个电容就可以构成稳定的自激振荡器，如图 1-7 所示。石英晶振起振后，应能在 XTAL2 线上输出一个 3V 左右的正弦波，以便使 MCS-51 片内的振荡器 OSC 电路按石英晶振相同频

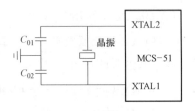

图 1-7　内部振荡方式

率自激振荡。通常 OSC 的输出时钟频率 f_{osc} 为 0.5～16MHz，典型值为 12MHz 或 11.0592MHz。电容 C_{01} 和 C_{02} 通常取 30pF 左右，对振荡频率有微调作用。

（2）外部时钟方式　将外部已有的时钟信号引入单片机，常见的几种电路结构如图 1-8

所示。外部时钟源应是方波发生器，频率应根据所用 MCS-51 中的具体机型确定。

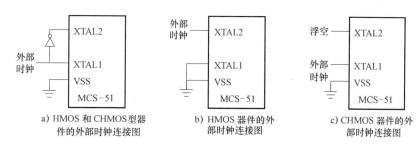

a) HMOS 和 CHMOS 型器　　　　b) HMOS 器件的外　　　　c) CHMOS 器件的外
件的外部时钟连接图　　　　部时钟连接图　　　　部时钟连接图

图 1-8　外部时钟方式

2. 机器周期与指令周期

为了对 CPU 时序进行分析，首先要为它定义一种能够度量各时序信号出现时间的尺度，这个尺度常常称为时钟周期、机器周期和指令周期。

（1）时钟周期　时钟周期 T 又称为振荡周期，由单片机片内振荡电路 OSC 产生，常定义为时钟脉冲频率的倒数，是时序中最小的时间单位。例如，若某单片机时钟频率为 1MHz，则它的时钟周期 T 应为 $1\mu s$。

（2）机器周期　计算机的一条指令由若干个字节组成。执行一条指令需要多长时间则以机器周期为单位。一个机器周期是指 CPU 访问存储器一次所需要的时间。例如，取指令、读存储器、写存储器等。有的微处理器系统对机器周期按其功能来命名，在 MCS-51 系统中没有采取这种方法。

MCS-51 的一个机器周期包括 12 个振荡周期，分为 6 个 S 状态：S1~S6。每个状态又分为两拍，称为 P1 和 P2。因此，一个机器周期中的 12 个振荡周期表示为 S1P1，S1P2，S2P1，……，S6P2。若采用 6MHz 晶体振荡器，则每个机器周期恰好为 $2\mu s$。

（3）指令周期　指令周期是时序中的最大时间单位，定义为执行一条指令所需的时间。每条指令都由一个或几个机器周期组成。在 MCS-51 系统中，有单周期指令、双周期指令和四周期指令。四周期指令只有乘、除两条指令，其余都是单周期或双周期指令。

指令的运算速度和它的机器周期数直接相关，机器周期数较少则执行速度快，在编程时要注意选用具有相同功能而机器周期数少的指令。

举例：晶振频率 = 12MHz

机器周期 $= \dfrac{12}{f_{osc}} = \dfrac{12}{12\text{MHz}} = 1\mu s$，则指令周期 = （1~4）机器周期 = $1\sim4\mu s$。

3. 单片机指令时序

每一条指令的执行都可以包括取指和执指两个阶段。在取指令阶段，CPU 从内部或者外部 ROM 中取出指令操作码及操作数，然后再执行这条指令。图 1-9 列举了几种典型指令的取指和执指时序。用户通过观察 XTAL2 和 ALE 端信号，可以分析 CPU 取指时序。由图可知，在每个机器周期内，地址锁存信号 ALE 两次有效：第一次出现在 S1P2 和 S2P1 期间，第二次出现在 S4P2 和 S5P1 期间。ALE 信号每出现一次，CPU 就进行一次取指操作，但由于不同指令的字节数和机器周期数不同，因此，取指令操作也随指令不同而有小的差异。

（1）单字节单周期指令时序　单字节单周期指令只进行一次读指令操作，当第二个 ALE 信号有效时，PC 并不加 1，那么读出的还是原指令，属于一次无效的读操作。

（2）双字节单周期指令时序　这类指令两次的 ALE 信号都是有效的，只是第一个 ALE 信号有效时读的是操作码，第二个 ALE 信号有效时读的是操作数。

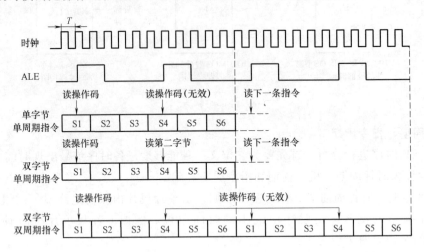

图 1-9　指令的取指和执指时序

4. 单字节双周期指令时序

两个机器周期需进行四次读指令操作，但只有一次读操作是有效的，后三次的读操作均为无效操作，并在第二机器周期的 S6P2 时完成指令的执行。

5. 访问片外 ROM/RAM 的指令时序

MCS-51 专用有两类可以访问片外存储器的指令：一类是读片外 ROM 指令，另一类是访问片外 RAM 指令。这两类指令执行时所产生的时序除涉及 ALE 引脚外，还和 $\overline{\text{PSEN}}$、P0、P2 和 $\overline{\text{RD}}$ 等引脚上的信号有关。

读片外 ROM 指令时序电路如图 1-10 所示，MOVC 指令执行时分两个阶段：第一阶段是根据程序计数器 PC 到片外 ROM 中取指令码；第二阶段是对累加器 A 和 DPTR 中的 16 位地址进行运算，并按运算所得到的和地址去片外 ROM 取出所需的常数送到累加器 A。

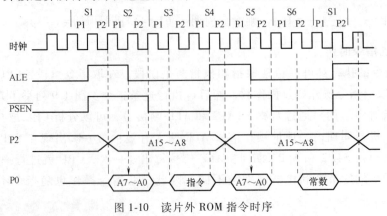

图 1-10　读片外 ROM 指令时序

读片外 RAM 指令时序如图 1-11 所示，执行 MOVX 指令时，第一阶段是根据 PC 中的地址读片外 ROM 中读取指令码，第二阶段是根据 DPTR 中的地址读片外 RAM，并把读出的数 X 送往累加器 A。在读片外 RAM 时，$\overline{\text{PSEN}}$ 被封锁为高电平，$\overline{\text{RD}}$ 有效，用作片外 RAM 的选通信号。对外部数据存储器进行读或写操作，头一个机器周期的第一次读指令的操作码为有效，而第二次读指令操作则为无效。在第二个指令周期时，访问外部数据存储器，这时，ALE 信号对其操作无影响，即不会再有读指令操作动作。

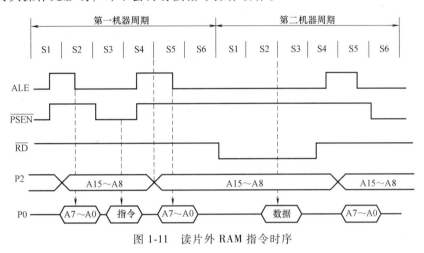

图 1-11　读片外 RAM 指令时序

1.2.5　复位及复位电路

单片机在开机时都需要复位，以便中央处理器 CPU 以及其他功能部件都处于一个确定的初始状态，并从这个状态开始工作。MCS-51 的复位输入引脚 RST（即 RESET）是复位信号的输入端。复位信号是高电平有效，持续时间要在 24 个时钟周期以上。复位后各寄存器的状态如表 1-7 所示。这时，堆栈指针 SP 为 07H，ALE、$\overline{\text{PSEN}}$、P0、P1、P2 和 P3 口各引脚均为高电平，片内 RAM 中内容不变。

表 1-7　复位后的内部寄存器状态

寄存器	复位状态	寄存器	复位状态
PC	0000H	TMOD	00H
A	00H	TCON	00H
B	00H	TH0	00H
PSW	00H	TL0	00H
SP	07H	TH1	00H
DPTR	0000H	TL1	00H
P0~P3	FFH	SCON	00H
IP	×××00000	SBUF	××××××××
IE	0××00000	PCON	0×××0000

复位电路如图 1-12 所示，图 1-12a 为上电复位电路，图 1-12b 为开关复位电路。上电复位是通过外部复位电路的电容来充电实现的，只要电源 VCC 的上升时间不超过 1ms，就可

以实现自动上电复位，即接通电源就完成了系统的复位初始化。开关复位是通过使复位端经电阻与 VCC 电源接通来实现的。

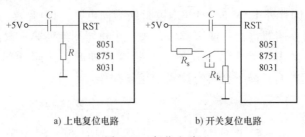

a) 上电复位电路　　　　　　　　b) 开关复位电路

图 1-12　复位电路

本 章 总 结

单片机主要特点：集成度高、控制功能强、可靠性高、低功耗、低电压、外部总线丰富、功能扩展性强、体积小、性价比高。单片机按数据处理位数可分为 4 位机、8 位机、16 位机和 32 位机，按适用范围可分为通用型和专用型。

Intel 公司 MCS-51 系列单片机是我国目前应用最为广泛的单片机。8051、80C51 是整个 MCS-51 系列单片机的核心，该系列其他型号的单片机都是在这一内核基础上发展起来的。MCS-51 单片机内部结构包括中央处理器、程序存储器、数据存储器、并行 I/O 接口、定时器/计数器、时钟电路、中断系统、串行口。中央处理器是单片机的核心部件，是计算机的控制指挥中心。

MCS-51 单片机的程序存储器和数据存储器是各自独立的，各有各的寻址系统、控制信号和功能。在物理结构上可分为片内程序存储器、片内数据存储器、片外程序存储器和片外数据存储器 4 个存储空间。

片内 RAM 共 256B，分为两大功能区，低 128B 为真正的 RAM 区；高 128B 为特殊功能寄存器区。低 128B 又可分为工作寄存器区、位寻址区和便笺区。

MCS-51 单片机有 P0、P1、P2、P3 四个 8 位并行 I/O 端口，每个端口各有 8 条 I/O 口线，每条 I/O 口线都能独立地用作输入或输出数据。各端口的功能不同，且结构上也有差异，通常 P2 口作为高 8 位地址线，P0 分时复用作为低 8 位地址线和 8 位数据线，P3 口使用第二功能，P1 口只能作为通用的 I/O 口使用。

时序就是 CPU 在执行指令时所需控制信号的时间顺序，其单位有振荡周期、时钟周期、机器周期和指令周期。时钟信号的产生方式有内部振荡方式和外部时钟方式两种。

复位是单片机的初始化操作，复位操作对 PC 和内部特殊功能寄存器有影响，但对内部 RAM 没有影响。

习　　题

1-1　单片机与普通计算机的不同之处是什么？

1-2　单片机的发展大致分为哪几个阶段？

1-3　单片机根据其基本操作处理的位数可分为哪几种类型，分别应用于哪些领域？

1-4　MCS-51 系列单片机的基本型芯片分别为哪几种？它们的差别是什么？

1-5　MCS-51 系列单片机与 80C51 系列单片机的异同点是什么？

1-6　说明单片机主要应用在哪些领域？

1-7　在 MCS-51 中，能够决定程序执行顺序的寄存器是哪一个？它由几位二进制数组成？是不是特殊功能寄存器？

1-8　程序状态字 PSW 各位的定义是什么？

1-9　什么叫堆栈？8031 堆栈的最大容量是多少？MCS-51 堆栈指示器 SP 有多少位，作用是什么？单片机初始化后 SP 中的内容是什么？

1-10　数据指针 DPTR 有多少位？作用是什么？

1-11　MCS-51 单片机寻址范围有多少？8051 最多可以配置多大容量的 ROM 和 RAM？用户可以使用的容量又有多少？

1-12　8051 片内 RAM 容量有多少？可以分为哪几个区？各有什么特点？

1-13　8051 的特殊功能寄存器 SFR 有多少个？可以位寻址的有哪些？

1-14　P0、P1、P2 和 P3 是特殊功能寄存器吗？它们的物理地址各为多少？作用是什么？

1-15　8051 单片机主要由哪几部分组成？各有什么特点？

1-16　8051 和片外 RAM/ROM 连接时，P0 和 P2 口各用来传送什么信号？为什么 P0 口需要采用片外地址锁存器？

1-17　8051 的$\overline{\text{PSEN}}$线的作用是什么？$\overline{\text{RD}}$和$\overline{\text{WR}}$的作用是什么？

1-18　8051 XTAL1 和 XTAL2 的作用是什么？时钟频率与哪些因素有关？

1-19　8051 RST 引脚的作用是什么？有哪两种复位方式？请画出电路。

1-20　时钟周期、机器周期和指令周期的含义是什么？

第2章

MCS-51单片机指令系统与程序设计

本章学习任务：

- 掌握 Keil C51 的使用方法。
- 了解指令和指令系统的概念与分类。
- 掌握指令的寻址方式。
- 掌握数据传送指令、算术和逻辑运算指令、控制转移指令、位操作指令的功能和应用。

2.1 Keil C51 的使用方法

Keil C5l 是当前使用最广泛的基于 80C51 单片机内核的软件开发平台之一，由德国 Keil Software 公司推出。μVision4 是 Keil Software 公司推出的关于 51 系列单片机的开发工具之一。μVision4 集成开发环境 IDE 是一个基于 Windows 的软件开发平台，集编辑、编译、仿真于一体，支持汇编语言和 C 语言的程序设计。在 Keil C 集成开发环境下使用工程的方法来管理文件，而不是单一文件的模式，所有的文件包括源程序（如 C 程序、汇编程序）、头文件等都可以放在工程项目文件里统一管理。目前已研制多种版本，包括 Keil μVision2、μVision3、μVision4、Keil for ARM 等，可根据实际需要选用。可以从相关网站下载并安装。

安装好后，双击桌面上快捷图标 或在"开始"菜单中选择 Keil μVision4，启动 Keil μVision4 集成开发环境，启动后的画面如图 2-1 所示，主要包括三个窗口：工程项目窗口、编辑窗口和输出窗口。

1. 创建项目

Keil μVision4 中有一个项目管理器，它包含了程序的环境变量和编辑有关的全部信息为单片机程序的管理带来了很大的方便。创建新项目的操作步骤：

1）启动 μVision4，创建一个项目文件。

2）并从元器件数据库中选择一款合适的 CPU。

3）创建一个新的源程序文件，并把这个源程序文件添加到项目中。

4）设置工具选项，使之适合目标硬件。

5）编译项目，并生成一个可供 PROM 编程的 .HEX 文件。

（1）创建一个项目文件　在 μVision4 中执行菜单命令"Project"→"New Project"，弹出"Create New Project"对话框，在此可以输入项目名称，如 light。输入新建项目名后，单

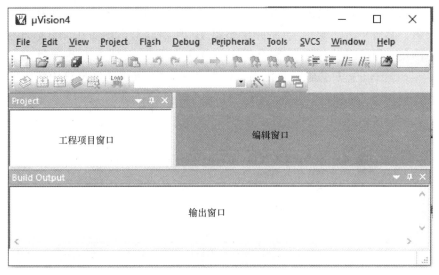

图 2-1 启动 Keil μVision4 后画面

击 "确定" 按钮。建议该课程建立一个文件夹，如 F：\ dpj。每个项目在课程文件夹下使用一个独立的文件夹，如 F：\ dpj \ light，项目文件夹最好与项目名称一致，以便在调试过程中查找。在项目文件夹下分别建立 Keil 文件夹和 Proteus 文件夹，如 F：\ dpj \ light \ keil 和 F：\ dpj \ light \ proteus，以便存放 Keil 文件和 Proteus 文件。

（2）选择单片机型号 输入新建项目名，单击 "确定" 按钮后，弹出如图 2-2 所示的 "Select Device for Target ' Target 1'" 对话框。在此对话框中根据需要选择合适的单片机型号。这里可以根据所使用的单片机来选择，Keil 几乎支持所有 51 核的单片机，这里以 Atmel 的 89C51 来说明。

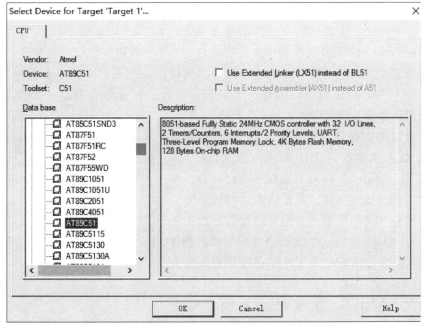

图 2-2 "Select Device for Target ' Target 1'" 对话框

首先选择 Atmel 公司，单击左边的"＋"号选择 AT89C51 之后，右边栏是对这个单片机的基本说明，然后单击"确定"。将弹出如图 2-3 所示的对话框。在此对话框中，询问用户是否将标准的 8051 启动代码复制到项目文件夹并将该文件添加到项目中。在此单击"是"按钮，项目窗口中将添加启动代码；单击"否"按钮，项目窗口中将不添加启动代码。二者的区别如图 2-4 所示。

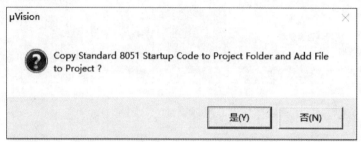

图 2-3　询问是否添加启动代码对话框

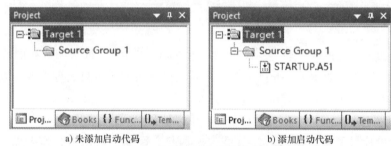

a) 未添加启动代码　　　　　　b) 添加启动代码

图 2-4　是否添加启动代码的区别

STARTUP. A51 文件是大部分 8051 CPU 及其派生产品的启动程序，启动程序的操作包括清除数据存储器内容、初始化硬件及可重入堆栈指针。一些 8051 派生的 CPU 需要初始化代码以使配置符合硬件上的设计。例如，Philips 的 8051RD+片内 xdata RAM 需通过在启动程序中的设置才能使用。应按照目标硬件的要求来创建相应的 startup. a51 文件，或者直接将它从安装路径的 \ C51 \ LIB 文件夹中复制到项目文件中，并根据需要进行更改。

（3）创建新的源程序文件，并把这个源程序文件添加到项目中　单击图标或执行菜单命令"File"→"NEW"，就可以创建一个源程序文件。该命令会打开一个空的编辑器窗口，在编辑窗口中输入源代码，如图 2-5 所示。

源代码可以用汇编语言或单片机 C 语言进行书写。源代码输入完成后，执行菜单命令"File"→"Save as…"或"Save"，即可对源程序进行保存。在保存时，文件名只能由字符、字母或数字组成，并且一定要带扩展名（使用汇编语言编写的源程序的扩展名为 . A51 或 . ASM；使用单片机 C 语言编写的源程序的扩展名为 . c）。建议源程序文件保存在项目文件夹下所建立的 Keil 文件夹（F：\ dpj \ light \ keil）中，方便调试修改。本程序文件夹和文件名为 F：\ dpj \

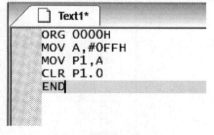

图 2-5　原程序编辑窗口

light \ keil \ light. asm。源程序保存好后，源程序窗口中的关键字呈彩色高亮度显示。

源程序文件创建好后，可以把这个文件添加到项目中。在"μVision4"中，添加的方法有很多种。如图 2-6 所示，在"Source Group 1"上单击鼠标右键，在弹出的菜单中选择"Add Files to Group 'Source Group 1'"，在弹出的"Add Files to Group 'Source Group'"对话框中选择刚才创建的源程序文件即可将其添加到项目中。

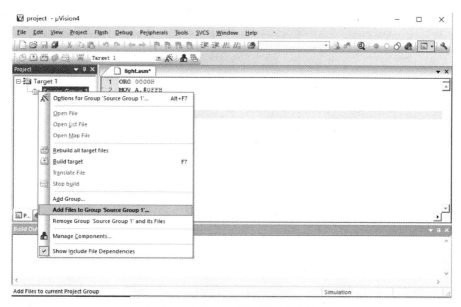

图 2-6　在项目中添加源程序文件

（4）为目标设定工具选项　单击图标 或执行菜单命令"Project"→"Options for Target"，将会出现"Options for Target 'Target 1'"对话框，如图 2-7 所示。

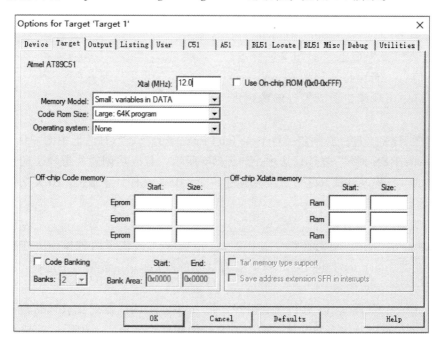

图 2-7　"Options for Target 'Target 1'"对话框

在"Target"选项卡中可以对目标硬件及所选器件片内部件进行参数设定。表 2-1 描述了"Target"选项卡的选项说明。

表 2-1 "Target"选项卡的选项说明

序号	选项	说 明
1	Xtal	指定器件的 CPU 时钟频率,多数情况下,它的值与 XTAL 的频率相同
2	Use On-chip ROM	使用片上自带的 ROM 作为程序存储器
3	Memory Model	指定 C51 编译器的存储模式,在开始编辑新应用时,默认为 Small
4	Code Rom Size	指定 ROM 存储器的大小
5	Operating system	操作系统的选择
6	Off-chip Code memory	指定目标硬件上所有外部地址存储器的地址范围
7	Off-chip Xdata memory	指定目标硬件上所有外部数据存储器的地址范围
8	Code Banking	指定 Code Banking 块数

标准的 80C51 的程序存储器空间为 64KB,程序存储器空间超过 64KB 时,可在"Target"选项卡中对"Code Banking"栏进行设置。Code Banking 为地址复用,可以扩展现有的 CPU 程序存储器寻址空间。复选"Code Banking"栏后,用户根据需求在"Banks"中选择合适的块数。在 Keil C51 中,用户最多能使用 32 块 64KB 的程序存储空间,即 2MB 的空间。

（5）编译项目并创建 HEX 文件 在"Target"选项卡中设置好参数后,就可对源程序进行编译。单击图标或执行菜单命令"Project"→"Build Target",可以编译源程序并生成应用程序。当所编译的程序有语法错误时,μVision4 将会在"Build Output"窗口中显示错误和警告信息,如图 2-8 所示。双击某一条信息,光标将会停留在 μVision4 文本编辑窗口中出现该错误或警告的源程序位置上。

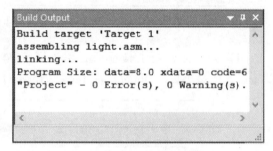

图 2-8　错误和警告信息

若要创建 HEX 文件,必须将"Options for Target 'Target 1'"对话框中的"Output"选项卡下的"Create HEX File"复选框选中,如图 2-9 所示。若成功创建并编译了应用程序,就可以开始调试。当程序调试好之后,要求创建一个 .HEX 文件,生成的 .HEX 文件可以下载到 EPROM 编程器或模拟器中。

2. 仿真设置及窗口介绍

使用 μVision4 调试器可对源程序进行测试,μVision4 提供了两种操作工作模式,这两种模式可以在"Option for Target 'Target 1'"对话框的"Debug"选项卡中选择,仿真设置如图 2-10 所示。

Use Simulator：如图 2-10a 软件仿真模式,将 μVision4 调试器配置成纯软件产品,能够仿真 8051 系列产品的绝大多数功能,而不需要任何硬件目标板,如串行口、外部 I/O 和定时器等,这些外围部件设置是在从元器件数据库选择 CPU 时选定的。

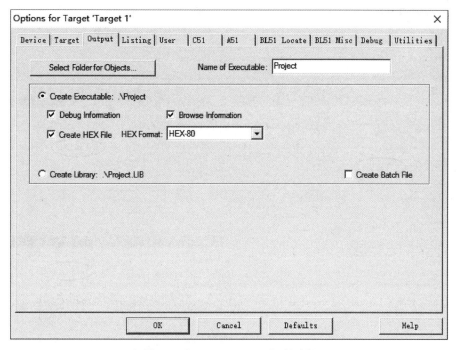

图 2-9　"Create HEX File" 复选框

Use：如图 2-10b 硬件仿真，如 "Proteus VSM Monitor-51 Driver"，用户可以直接把这个环境与仿真程序或 Keil 监控程序相连。

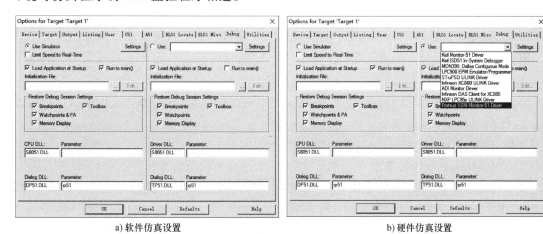

a) 软件仿真设置　　　　　　　　　　　　　　b) 硬件仿真设置

图 2-10　仿真设置

（1）CPU 仿真　μVision4 仿真器可以模拟 16MB 的存储器，该存储器被映射为读、写或代码执行访问区域。除了将存储器映射外，仿真器还支持各种 80C51 派生产品的集成外围器件。在 "Debug" 选项卡中可以选择和显示片内外围部件，也可通过设置其内容来改变各种外设的值。

（2）启动调试　源程序编译好后，选择相应的仿真操作模式，可启动源程序的调试。单击图标或执行菜单命令 "Debug" → "Start/Stop Debug Session"，即可启动 μVision4 的调试模式，如图 2-11 所示。

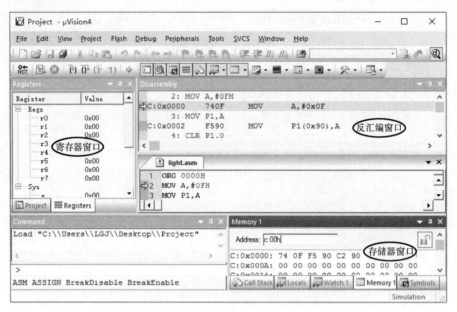

图 2-11　调试界面

（3）断点的设定　在编辑源程序过程中，或者在程序尚未编译前，用户可以设置执行断点。μVision4 中可用不同的方法来定义断点：

1）在文本编辑框中或反汇编窗口中选定所在行，然后单击"File Toolbar"断点按纽或单击图标 。

2）在文本编辑窗口或反汇编窗口中单击右键，打开快捷菜单进行断点设置。

3）利用"Debug"下拉菜单，打开"Breakpoint"对话框，在这个对话框中可以查看定义或更改断点的设置。

4）在"Output Window"窗口的"Command"页可以使用 BreakSet . BreakKill. BreakList. BreakEnable 和 BreakDisable 命令选项。

（4）目标程序的执行　目标程序的执行可以使用以下方法：

1）在"Debug"下拉菜单中，单击"GO"命令或直接单击图标。

2）在文本编辑窗口或反汇编窗口中单击右键，在弹出的快捷菜单上选择"Run till Cursor line"命令。

3）在"Output Window"窗口的"Command"页中可以使用 GO. Ostep. Pstep. Tstep 命令。

（5）反汇编窗口　在进行程序调试及分析时，经常会用到反汇编。反汇编窗口同时显示目标程序、编译的汇编程序和二进制文件，如图 2-11 所示。

在程序调试状态下，执行菜单命令"View"→"Disassembly Window"，即可打开反汇编窗口。当反汇编窗口作为当前活动窗口时，若单步执行命令，所有的程序将按照 CPU 指令（即汇编）来单步执行，而不是 C 语言的单步执行。

（6）CPU 寄存器窗口　在程序调试状态下，执行菜单命令"View"→"Registers Window"，将打开 CPU 寄存器窗口，在此窗口中将显示 CPU 寄存器相关内容，如图 2-11 所示。

（7）存储器窗口 在程序调试状态下，执行菜单命令"View"→"Memory Window"→"Memory #1"，将打开存储器窗口。存储器窗口最多可以通过 4 个不同的页观察 4 个不同的存储区，每页都能显示存储器中的内容，如图 2-11 所示。

在"Address"栏中输入地址值后，显示区域直接显示该地址的内容。若要更改地址中的内容只需在该地址上双击鼠标左键，并输入新的内容即可。

（8）串行窗口 μVision4 提供了 4 个专门用于串行调试输入和输出的窗口，被模拟仿真的 CPU 串行口数据输出将在该窗口进行显示，输入串行窗口中的字符将会被输入到模拟的 CPU 中。在程序调试状态下，执行菜单命令"View"→"Serial Window"→"UART #1"，即可打开串行调试窗口。

3. Keil 程序调试与分析

前面讲述了如何在 Keil 中建立、编译、连接项目，并获得目标代码，但是做到这一步仅代表源程序没有语法错误，至于源程序中存在的其他错误，必须通过调试才能发现并解决。事实上，除了极简单的程序外，绝大多数的程序都要通过反复调试才能得到正确的结果，因此，调试是软件开发中的一个重要环节。

（1）寄存器和存储器窗口分析 进入调试状态后，执行菜单命令"Debug"→"Run"，或者单击图标，全部运行源程序。执行菜单命令"Debug"→"Step"，或者单击图标，单步运行源程序。源程序运行过程中，项目工作区（Project Workspace）"Registers"选项卡中显示相关寄存器当前的内容。若在调试状态下未显示此窗口，可执行菜单命令"View"→"Project Window"将其打开。

在源程序运行过程中，可以通过存储器窗口（Memory Window）来查看存储区中的数据。在存储器窗口的上部，有供用户输入存储器类型的起始地址的文本输入栏，用于设置关注对象所在的存储区域和起始地址，如"D：0x30"。其中，前缀表示存储区域，冒号后为要观察的存储单元的起始地址。常用的存储区前缀有"d"或"D"（表示内部 RAM 的直接寻址区）、"i"或"I"（表示内部 RAM 的间接寻址区）、"x"或"X"（表示外部 RAM 区）、"c"或"C"（表示 ROM 区）。由于 P0 端口属于 SFR（特殊功能寄存器），片内 RAM 字节地址为 80H，所以在存储器窗口的上部输入"d：80h"时，可查看 P0 端口的当前运行状态为 FF，如图 2-12 所示。

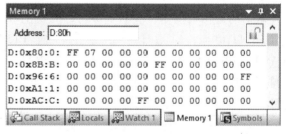

图 2-12 存储器窗口

（2）延时子程序的调试与分析 在源程序编辑状态下，执行菜单命令"Project"→"Option for Target ' Target 1 '"，或者在工具栏中单击图标，再在弹出的对话框中选择"Target"选项卡。在"Target"选项卡的"Xtal（MHz）："栏中输入 12，即设置单片机的晶振频率为 12MHz。然后在工具栏中单击图标，对源程序再次进行编译。执行菜单命令"Debug"→"Start/Stop Debug Session"，或者在工具栏中单击图标，进入调试状态。在调试状态下单击图标，使光标首次指向 LCALL DELAY 后，项目工作区"Registers"选项卡的 Sys 项中 sec 为 0.00000400，表示进入首次运行到 LCALL DELAY 时花费了 0.00000400s。再次单击图标，光标指向"RLA"Sys 项的 sec 为 0.79846900。因此，DELAY 的延时时间为二者之差，即 0.79846900s，也就是说延时约为 0.8s。

（3）P0 端口运行模拟分析　执行菜单命令 "Debug" → "tart/Stop Debug Session"，或者在工具栏中单击图标 ，进入调试状态。执行菜单命令 "Peripherals" → "I/O Ports" → "Port 0"，将弹出 "Parallel Port 0" 窗口。"Parallel Port 0" 窗口的最初状态如图 2-13a 所示，表示 P0 端口的初始值为 0xFF，即 FFH。单击图标 或多次单击图标后，"Parallel Port 0" 窗口的状态将会发生变化，如图 2-13b 所示，表示 P0 端口当前为 0xFD，即 FBH。

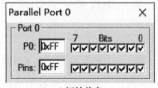
a) 初始状态

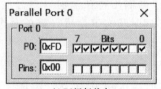
b) P0 运行状态

图 2-13　P0 端口状态

4. 编程器

编程器又称为程序固化器，是将调试生成的 .BIN 或 .HEX 文件固化到存储器中的器件。对于不同型号的单片机或存储器，厂家都要为其提供配套的编程器进行程序固化。由于生产厂家众多，芯片型号繁多，不可能每一种芯片都由一专用的编程器对其进行程序固化，因此研究出通用编程器。通用编程器可以支持多种型号的芯片程序的读、写操作。常用的通用编程器有南京西尔特电子有限公司的 SU-PERPRO 通用编程器和周立功公司生产的 EasyPRO 系列通用编程器。EasyPRO 编程器的外型如图 2-14 所示。南京西尔特电子有限公司的 SUPERPRO 是一种可靠性高、速度快、性价比比较高的通用编程器，能够直接与计算机的并行打印机口或 USB 口相连，对数十个厂家生产的 PLD、EPROM、

图 2-14　EasyPRO 编程器的外型

FLASH、BPROM、MCU\MPU、DRAM\SRAM 等数千种芯片进行可编程操作。SUPERPRO 软件可选择中文或英文两种语言进行安装。软件安装好后，打开软件时，将弹出计算机与编程器的连接信息。使用编程器时，首先，将芯片放在锁紧座中，注意不要将芯片的方向弄错；放好后，将芯片锁紧；然后，打开编程器电源，与计算机进行连接。在 "器件" 菜单中，单击 "选择器件" 命令或直接单击工具栏的图标，弹出 "选择器件" 对话框，如图 2-15 所示。"选择器件" 对话框由 "厂商名称" 及 "器件名称" 这两个列表框和 "器件类型" 单选钮区组成。首先，根据芯片的用途在单选钮区中选择合适的器件类型；然后，在 "厂商名称" 列表框中

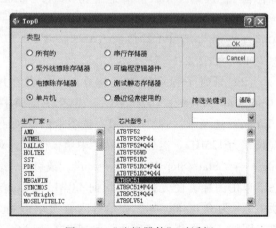
图 2-15　"选择器件" 对话框

选择器件的生产厂商；最后，在"器件名称"列表框中选择该器件的型号，这样就完成了器件的选择。

选好器件后，在器件信息栏中显示该器件的厂商名（Manufacturer）、器件名（Device Name）、器件类型（Device Type）、芯片容量（Chip Size）、最多引脚（Max Pin）、编程算法名（Algo Name）。在 SUPERPRO 软件中，用户对期间可进行写入、读出、校验、空检查、数据比较、加密等操作，如图 2-16 所示。

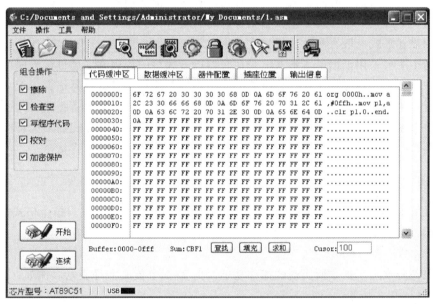

图 2-16　"选择程序"对话框

2.2　单片机指令系统概述

2.2.1　指令与指令系统的概念

指令是使计算机内部执行相应动作的一种操作，是提供给用户编程使用的一种命令。指令由构成计算机的电子器件特性所决定，计算机只能识别二进制代码，以二进制来描述指令功能的语言，称之为机器语言。由于机器语言不便于人们识别、记忆、理解和使用，因而给每条机器语言指令赋予助记符号来表示，这就形成了汇编语言。

计算机能够执行的全部操作所对应的指令集合，称之为这种计算机的指令系统。从指令是反映计算机内部的一种操作的角度来看，指令系统全面展示了计算机的操作功能，也就是它的工作原理；从用户的角度来看，指令系统是提供给用户使用计算机功能的软件资源。要让计算机处理问题，首先要编写程序。编写程序实际上是从指令系统中挑选一个个指令子集的过程。因此，学习指令系统时，既要从编程使用的角度掌握指令的使用格式及每条指令的功能，又要掌握每条指令在计算机内部的微观操作过程（即工作原理），从而进一步加深对硬件组成原理的理解。

指令一般有功能、时间和空间三种属性。功能属性是指每条指令都对应一个特定的操作功能；时间属性是指一条指令执行所用的时间，一般用机器周期来表示，MCS-51 单片机指令系统从时间属性上可分为单机器周期指令、双机器周期指令和四机器周期指令。空间属性是指一条指令在程序存储器中存储时所占用的字节数，MCS-51 单片机指令系统从空间属性上可分为单字节指令、双字节指令和三字节指令。在使用中，这三种属性中最重要的是功能属性，但时间、空间属性在有些场合也要用到。如在一些实时控制应用程序中，有时需要计算一个程序段的确切执行时间，或编写软件延时程序，都要用到指令的空间属性；在程序存储器的空间设计或相对转移指令的偏移量计算时，就要用到指令的空间属性。

指令的描述形式一般有两种：机器语言形式和汇编语言形式。现在描述计算机指令系统及实际应用中主要采用汇编语言形式。采用机器语言编写的程序称之为目标程序。采用汇编语言编写的程序称之为源程序。计算机能够直接识别并执行的只有机器语言。汇编语言不能被计算机直接识别并执行，必须经过一个中间环节把它翻译成机器语言程序，这个中间过程叫作汇编。汇编有两种方式：机器汇编和手工汇编。机器汇编是用专门的汇编程序，在计算机上进行翻译；手工汇编是编程员把汇编语言指令逐条翻译成机器语言指令。

2.2.2　指令格式

8051 汇编语言指令由操作码助记符字段和操作数字段两部分组成。指令格式如下：

操作码　　［目的操作数］［，源操作数］

例如：MOV　A，#00H

操作码部分规定了指令所实现的操作功能，由 2~5 个英文字母表示。例如，JB、MOV、DJNZ、LCALL 等。

操作数部分指出了参与操作的数据来源和操作结果存放的目的单元。操作数可以直接是一个数（立即数），或者是一个数据所在的空间地址，即在执行指令时从指定的地址空间取出操作数。

操作码和操作数都有对应的二进制代码，指令代码由若干字节组成，对于不同的指令，指令的字数不同。8051 指令系统中，有单字节、双字节或三字节指令。下面分别加以说明。

1. 单字节指令

单字节指令中的 8 位二进制代码既包含操作码的信息，也包含操作数的信息。这种指令有两种情况。

（1）指令码中隐含着对某一个寄存器的操作　例如，数据指针 DPTR 加 1 指令"INC DPTR"，由于操作的内容和唯一的对象 DPTR 寄存器只用 8 位二进制代码表示，其指令代码

为 A3H，格式为

1	0	1	0	0	0	1	1

（2）指令码中的 rrr 三位的不同编码指定某一个寄存器 例如，工作寄存器向累加器 A 传送数据指令 "MOV A，Rn"，其指令格式为

1	1	1	0	1	r	r	r

其中，高 5 位为操作内容—传送；最底 3 位 rrr 的不同组合编码用来表示从哪一个寄存器取数，故一个字节就足够了。8051 单片机共有 49 条单字节指令。

2. 双字节指令

用一个字节表示操作码，另一个字节表示操作数或操作数所在的地址。其指令格式为

操作码	立即数或地址

8051 单片机共有 45 条双字节指令。

3. 三字节指令

一个字节操作码，两个字节操作数。其格式为

操作码	立即数或地址	立即数或地址

8051 单片机共有 17 条三字节指令。

2.2.3 指令系统说明

1）Rn：表示工作寄存器，可以是 R0~R7 中的一个。

2）@ Ri：表示寄存器间接寻址，Ri 只能是 R0 或 R1。

3）@ DPTR：表示以 DPTR 为数据指针的间接寻址，用于对外部 64K RAM/ROM 寻址。

4）#data：8 位立即数，实际使用时 data 应是 00H~FFH 中的一个。

5）direct：8 位直接地址，实际使用时 direct 应该是 00H~FFH 中的一个，也可以是采用物理地址表示的特殊功能寄存器 SFR 中的一个。

6）#data16：16 位立即数。

7）bit：位地址。

8）addr11：11 位目标地址。

9）addr16：16 位目标地址。

10）rel：8 位带符号地址的偏移量，地址偏移量范围−128~+127。

11）$：当前指令的地址。

12）（X）：某一个存储单元 X 中的内容。

13）（Ri）：由 Ri 间接寻址的单元的内容，即 Ri 指向的地址中的内容。

2.2.4 寻址方式

在计算机中，寻找操作数的方法为指令的寻址方式，MCS-51 单片机有七种寻址方式。在执行指令时，CPU 首先要根据地址寻址参加运算的操作数，然后才能对操作数进行操作，操作结果还要根据地址存入相应存储单元或寄存器中。因此，计算机执行程序实际上是不断

寻找操作数并进行操作的过程。

1. 寄存器寻址

1）寄存器寻址方式是指操作数在工作寄存器 R0~R7、A、DPTR 中，指令码内含有该操作数的工作寄存器地址。

2）指令举例：MOV　A，R0

其功能是将寄存器 R0 的内容传送到累加器 A 中，操作数在 R0 中。

3）寄存器寻址方式的寻址范围包括：

① 4 个寄存器组共有 32 个通用寄存器。但在指令中只能使用当前寄存器组，因此在使用前常需通过对 PSW 中的 RS1、RS0 位的状态设置，来进行当前寄存器组的选择。

② 部分专用寄存器。例如，累加器 A 以及数据指针 DPTR 等。

2. 直接寻址

1）直接寻址方式是指在指令中操作数直接以单元地址的形式给出。8051 单片机中，片内 RAM 的所有单元都能采用直接寻址的表示方式。

2）指令举例：MOV　A，30H

该指令功能是把 30H 单元中操作数传送到 A 中。

3）直接寻址方式的寻址范围只限于内部 RAM，具体说就是：

① 低 128 个单元。在指令中直接以地址形式给出。

② 专用寄存器。专用寄存器除以单元地址形式给出外，还可以以寄存器符号形式给出。应当指出，直接寻址是访问专用寄存器的唯一方法（A、B、DPTR 除外）。

3. 寄存器间接寻址

1）寄存器间接寻址方式是指寄存器中存放的是操作数的地址，即操作数是通过寄存器间接得到的。

2）为了和寄存器间接寻址区别，在寄存器间接寻址方式中，在寄存器的名称前面加前缀标志"@"。

3）指令举例：MOV　A，@R0

指令以 R0 寄存器内容（假设为 20H）为地址，把该地址单元的内容送到累加器 A，其功能示意图如图 2-17 所示。

4）寄存器间接寻址方式的寻址范围：

① 内部 RAM 低 128 个单元。对内部 RAM 低 128 个单元的间接寻址，应使用 R0 或 R1 作间址寄存器，其通用形式为：@ Ri（i＝0 或 1）。

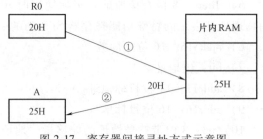

图 2-17　寄存器间接寻址方式示意图

② 外部 RAM 64KB。对外部 RAM 64KB 的间接寻址，应使用 DPTR 作间址寄存器，其形式为：@DPTR。例如 MOVX　A，@DPTR，其功能是把 DPTR 指定的外部 RAM 单元的内容送累加器 A 中。

外部 RAM 的低 256 个单元是一个特殊的寻址区，除可以使用 DPTR 作间址寄存器寻址外，还可以使用 R0 或 R1 作间址寄存器寻址。

4. 立即寻址

1）立即寻址方式是操作数在指令中直接给出。通常把出现在指令中的操作数称为立即数。

2）为了与直接寻址指令中的直接地址相区别，在立即数前面加"#"标志。

3）指令举例：MOV　A，#3AH；把立即数 3AH 送到 A 中。

除 8 位立即数外，指令系统中还有一条 16 位立即寻址指令，即

MOV　DPTR，#data16　；其功能是把 16 位立即数送到数据指针。

5. 变址寻址

1）变址寻址方式是以 DPTR 或 PC 作基址寄存器，以累加器 A 作变址寄存器，并以两者内容相加形成的 16 位地址作为操作数的地址。

2）指令举例：MOVC　A，@ A+DPTR；其功能是把 DPTR 和 A 的内容相加，再把所得到的程序存储器地址单元的内容送到 A。设指令前 A = 54H，DPTR = 3F21H，则该指令的操作示意图如图 2-18 所示。变址寻址形成的操作数地址为 3F21H + 54H = 3F75H，而 3F75H 单元的内容为 7FH，故该指令执行结果 A 的内容为 7FH。

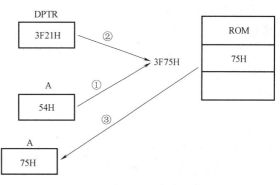

图 2-18　变址寻址方式示意图

3）变址寻址方式做如下说明：

① 变址寻址方式只能对程序存储器进行寻址，或者说它是专门针对程序存储器的寻址方式。

② 变址寻址的指令只有三条：

MOVC　A，@ A+DPTR

MOVC　A，@ A+PC

JMP　　@ A+DPTR

③ 变址寻址指令是单字节指令。

6. 相对寻址指令

1）在相对寻址方式的转移指令中，给出了地址偏移量，把 PC 的当前值加上偏移量就构成了转移的目的地址。

2）PC 当前值是指执行完该转移指令后的下一条指令的地址，即转移指令的地址值加上它的字节数。因此转移的目的地址可用如下公式表示：

目的地址 = 转移指令地址 + 转移指令字节数 + rel

偏移量 rel 是一个带符号的 8 位二进制补码数，所能表示的范围是 $-128 \sim +127$。

3）相对转移是以转移指令所在地址为基地址，向前最大可转移（127+转移指令字节数）个单元，向后最大可转移（128-转移指令字节数）个单元。

4）指令举例：

SJMP　rel　　；跳转的目的地址为 HERE+rel

HERE：……

7. 位寻址

1）MCS-51 单片机有位处理功能，可以对数据位进行操作，因此就有相应的位寻址方式。

2）指令举例：ANL　C，30H ；累加位 C 的状态和地址为 30H 的位状态进行逻辑与
　　　　　　　　　　　　　 ；操作，并把结果保存在 C 中。

3）位寻址方式的寻址范围：内部 RAM 中的位寻址区，单元地址为 20H ~ 2FH，共 16 个单元 128 位，位地址是 00H ~ 7FH。对于这 128 个位的寻址直接以位地址表示。

4）专用寄存器的位寻址区。可供位寻址的 11 个专用寄存器。

5）对这些寻址位在指令中有如下几种表示方法：

① 直接使用位地址。例如 20H 的最低位地址是 00H。

② 位名称表示方法。专用寄存器中的一些寻址位是有符号名称的。专用寄存器中 PSW 的最低位可表示为 P。

③ 单元地址加位的表示方法。专用寄存器中 PSW 的最低位可表示为 D0H.0。

④ 专用寄存器符号加位的表示方法。例如专用寄存器中 PSW 的最低位可表示为 PSW.0。

2.3　数据传送指令

数据传送指令的作用是将数据从一个地方传送到另一个地方，是单片机指令中用的非常多的一类指令。数据传送指令是对存储单元进行操作，对于不同的存储器的数据传送，指令是有区别的。

2.3.1　片内数据传送指令

1. 以累加器 A 为目的寄存器的指令

```
MOV  A, Rn          ; Rn→A, n = 0 ~ 7, Rn 中内容送到累加器 A 中
MOV  A, @Ri         ; (Ri)→A, i = 0, 1, Ri 指向单元中内容送到累加器 A 中
MOV  A, direct      ; (direct)→A, 直接地址中内容送到累加器 A 中
MOV  A, #data       ; #data→A, 立即数送到累加器 A 中
```

2. 以 Rn 为目的操作数的指令

```
MOV  Rn, A          ; A→Rn, n = 0 ~ 7
MOV  Rn, direct     ; (direct)→Rn, n = 0 ~ 7
MOV  Rn, #data      ; #data→Rn, n = 0 ~ 7
```

3. 以直接地址 direct 为目的操作数的指令

```
MOV  direct, A        ; A→direct
MOV  direct, Rn       ; Rn→direct, n = 0 ~ 7
MOV  direct1, direct2 ; (direct2)→direct1
MOV  direct, @Ri      ; (Ri)→direct
MOV  direct, #data    ; #data→direct
```

4. 以寄存器间接地址为目的操作数的指令

MOV   @Ri, A   ; A→(Ri), i=0, 1

MOV   @Ri, direct   ; (direct)→(Ri)

MOV   @Ri, #data   ; #data→(Ri)

上述数据传送指令可总结为图 2-19 所示的传送关系, 图中箭头表示数据传送方向。

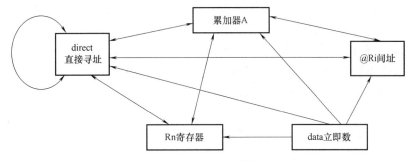

图 2-19   指令的数据传送方式

例 2-1   每条指令执行完后结果分别是什么?

解: ORG   0000H

MOV   R0, #30H

MOV   30H, #10H

MOV   50H, #34H

MOV   A, #50H

MOV   A, 50H

MOV   A, R0

MOV   A, @R0

MOV   50H, 30H

MOV   @R0, A

MOV   @R0,   10H

END

本程序用 Keil C51 软件仿真可观察到每条指令执行后的结果。

1) 创建新工程, 打开 Keil 程序, 执行菜单命令 "Project", 选中 "New Project" 创建 "片内数据传送" 项目, 选择单片机型号 AT89C51。

2) 在菜单栏中, 单击 "File" 菜单, 再单击 "New" 选项, 或直接单击工具栏的快捷图标来建立了一个新的编辑窗口。此时光标在编辑窗口里闪烁, 这时可以输入用户的应用程序了。

建议首先保存该空白文件, 单击菜单上的 "File", 在下拉菜单中选中 "Save As" 选项, 在弹出对话框的 "文件名" 栏右侧编辑框中, 输入欲使用的文件名, 同时, 必须输入正确的扩展名, 如 "片内数据传送 .asm", 然后单击 "保存" 按钮。

注意: 如果用 C 语言编写程序, 则扩展名为 ".c"; 如果用汇编语言编写程序, 则扩展名为 ".asm", 且必须添加扩展文件名。

3) 回到编辑界面后, 单击 "Target 1" 前面的 "+" 号, 然后在 "Source Group 1" 上

单击右键，弹出快捷菜单，然后单击 "Add File to Group 'Source Group 1'"。

在 "文件类型" 需要选择 "AsmSourcefile（*.s*；*.src；*.a*）"，这样在上面就可以看到刚才保存的汇编语言文 "片内数据传送.asm"，双击该文件则自动添加至项目，单击 "Close" 关闭对话框。

单击 "Source Group 1" 文件夹前面的 "+" 号，就看到了刚才添加的 "片内数据传送.asm" 文件，然后就可以在右侧的编辑区输入源程序了。在输入指令时，可以看到事先保存待编辑文件的好处：Keil 会自动识别关键字，并以不同的颜色提示用户加以注意，这样会使用户少犯错误，有利于提高编程效率。程序输入完毕后须再次保存。

4）程序文件编辑完毕后，单击 "Project" 菜单，选中 "Built target" 选项（或者使用快捷键 F7），或者单击工具栏的快捷图标来进行编译。

如果有错误，则在最后的输出窗口中会出现所有错误所在的位置和错误的原因，并有 "Target not created" 的提示。双击该处的错误提示，在编辑区对应错误指令处左面出现蓝色箭头提示，然后对当前的错误指令进行修改。

当完成到这一步时，keil 软件就生成了.hex 文件。

执行菜单命令 "Debug" → "Start/Stop Debug Session"，按 F11 键，单步运行程序。在 "Registers" 窗口观察各个寄存器中的内容，在 "Merory" 窗口的 "Address" 栏中键入 "d：30H" 可查看片内 RAM 相应地址的内容。

5. 16 位数据传送指令

MOV　DPTR，#data16　；#data16→DPTR

这是 MCS-51 单片机唯一的 16 位数据的传送指令，立即数的高 8 位送入 DPH，立即数的低 8 位送入 DPL，被传送的立即数是外部 RAM 或外部 ROM 地址，是专门配合外部数据传送指令用的。

MOV　DPTR，#1234H　；DPTR=1234H

6. 堆栈操作指令

MCS-51 内部 RAM 中可以设定一个 "先进后出，后进先出" 的区域称作堆栈。堆栈是在片内 RAM 中用于保存临时数据的区域。使用堆栈保护数据主要是因为程序运行过程中需要把某些寄存器或地址空间中的数据暂时保存起来，以释放寄存器或地址空间暂作它用。使用完毕后，再将刚才保存在堆栈中的数据弹回到寄存器或地址空间中。

堆栈的一端固定，称为栈底，另一端是活动的，称为栈顶。当栈顶地址等于栈底地址时，堆栈就是空的。

在 MCS-51 单片机片内 RAM 的 128B 单元中，可设定一个区域作为堆栈（一般在 30H~7FH），堆栈指针 SP 指出堆栈的栈顶位置，单片机复位后 SP=07H，若要更改，则需要重新给 SP 赋值。

（1）进栈指令

PUSH　direct　；SP←SP+1，（SP）←（direct）

先将栈指针 SP 加 1，然后把 direct 中的内容送到栈指针 SP 指示的内部 RAM 单元中。

（2）出栈指令

POP　direct　；（SP）→（direct），SP←SP-1

SP 指示的栈顶（内部 RAM 单元）内容送入 direct 字节单元中，栈指针 SP 减 1。

例 2-2 每条指令执行后的结果是什么？

ORG   0000H

MOV   SP，#60H

MOV   A，#30H

MOV   B，#70H

PUSH   ACC   ；（SP）+1 = 61H→SP，A→（61H）

PUSH   B   ；（SP）+1 = 62H→SP，B→（62H）

POP   DPH   ；（SP）→DPH，SP−1→SP

POP   DPL   ；（SP）→DPL，SP−1→SP

END

指令执行过程如图 2-20 和图 2-21 所示。

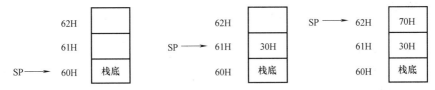

a) 未执行指令的堆栈   b) 执行第一条压栈指令后的堆栈   c) 执行第二条压栈指令后的堆栈

图 2-20   执行压栈变化示意图

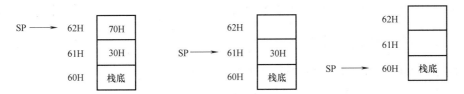

a) 未执行指令的堆栈   b) 执行第一条弹出指令后的堆栈   c) 执行第二条弹出指令后的堆栈

图 2-21   执行出栈变化示意图

7. 交换指令

（1）字节交换指令

XCH   A，Rn   ；A↔Rn

XCH   A，direct   ；A↔（direct）

XCH   A，@Ri   ；A↔（Ri）

（2）半字节交换指令

XCHD   A，@Ri   ；累加器的低 4 位与内部 RAM 低 4 位交换

（3）累加器半字节交换指令

SWAP   A   ；（A0~A3）↔（A4~A7）

交换指令示意图如图 2-22 所示。

例 2-3 指令执行后的结果是什么？

ORG   0000H

MOV   A，#80H

MOV   R7，#07H

```
MOV   R0, #30H
MOV   30H, #0FH
MOV   40H, #0F0H
XCH   A, R7      ; A 与 R7 互换
XCH   A, 40H     ; A 与 (40H) 互换
XCH   A, @ R0    ; A 与 (R0) 互换
END
```

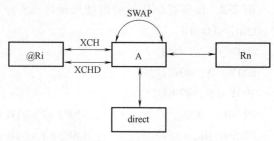

图 2-22 交换指令示意图

结果：A = 0FH，R7 = 80H，（40H）=
08H，（30H）= F0H。

例 2-4 R0 = 60H，（60H）= 3EH，A = 59H，执行完下列指令后 A、60H 单元中内容是什么？

```
ORG   0000H
MOV   R0, #60H
MOV   60H, #3EH
MOV   A, #59H
XCHD  A, @ R0
END
```

结果：A = 5EH，（60H）= 39H。

例 2-4 XCHD 指令执行示意图如图 2-23 所示。

2.3.2 片外 RAM 数据传送指令

当 MCS-51 单片机 CPU 对片外扩展的 RAM 或 I/O 口进行数据传送时，必须采用寄存器间接寻址的方法，通过累加器 A 完成。

A	0101	1001
60H	0011	1110

图 2-23 例 2-4 XCHD
指令执行示意图

1. 读片外 RAM 指令

```
MOVX  A, @ DPTR         ; A←(DPTR)
MOVX  A, @ Ri           ; A←(Ri)
```

读外部 RAM 单元数据编程步骤：

1) 将外部 RAM 单元地址码以立即数形式送入 DPTR。

2) 利用外部 RAM 数据传送指令将数据送入 A 中。

3) 利用 A 将其内容再传送到其他存储空间中。

例 2-5 设外部 RAM 中（1000H）= 56H，编程分别实现以下要求：（1）将其内容送入 A 中；（2）将其内容送入片内 RAM50H 中。

解：（1）ORG   0000H

```
      MOV DPTR, #1000H
      MOVX A, @ DPTR
      END
```

（2）ORG   0000H

```
   MOV  DPTR, #1000H
```

```
MOVX    A，@ DPTR
MOV   50H，A
END
```

2. 写片外 RAM 指令

```
MOVX   @ DPTR，A          ；A→（DPTR）
MOVX   @ Ri，A            ；A→（Ri）
```

读外部 RAM 存储器或 I/O 中的一个字节，或把 A 中一个字节的数据写到外部 RAM 存储器，在执行读指令时$\overline{RD}$=0，执行写指令时$\overline{WR}$=0。

采用 Ri（i=0，1）间接寻址，可寻址片外 256 个单元的数据存储器。Ri 内容由 P0 口输出，此时片外 RAM 地址范围是 0000H~00FFH。

采用 DPTR 间接寻址，高 8 位地址（DPH）由 P2 口输出，低 8 位地址（DPL）由 P0 口输出，此时片外 RAM 地址范围是 0000H~FFFFH。

写外部 RAM 单元数据编程步骤：

1）将外部 RAM 单元地址码以立即数形式送入 DPTR。

2）将被写入数据送入 A 中。

3）利用外部 RAM 数据传送指令将数据送入 A 中写入指定单元。

例 2-6　设外部 RAM 中（2000H）= ABH，分别完成这两个程序的编写：（1）把 A 中的内容送到 0056H 中；（2）把 0056H 中的内容送入 7010H 中。

解：（1）

方法一：

```
MOV     R0，#56H
MOVX    @ R0，A
```

方法二：

```
MOV     DPTR，#0056H
MOVX    @ DPTR，A
```

（2）

```
MOV     R0，#56H
MOVX    A，@ R0
MOV     DPTR，#7010H
MOVX    @ DPTR，A
```

例 2-7　编程序实现使片外 RAM（2010H）= 00H，（2020H）= FFH，然后再交换这两个单元中内容。

解：
```
ORG   0000H
CLR     A
MOV     DPTR，#2010H
MOVX    @ DPTR，A
CPL     A
MOV     DPTR，#2020H
MOVX    @ DPTR，A
```

```
MOV      R0, A
MOV      DPTR, #2010H
MOVX     A, @ DPTR
XCH      A, R0
MOVX     @ DPTR, A
MOV      A, R0
MOV      DPTR, #2020H
MOVX     @ DPTR, A
END
```

2.3.3 片外 ROM 数据传送指令

这类指令共两条，又称为查表指令，用于读程序存储器中的数据表格的指令。

1. DPTR 作为基址寄存器

MOVC   A, @ A+DPTR   ; A←(A+DPTR)

以 DPTR 作为基址寄存器，A 的内容作为无符号数与 DPTR 的内容相加得到一个 16 位的地址，把由该地址指出的程序存储器单元的内容送到累加器 A。DPTR 一般都会先载入数据表，使用的指令一般为"MOV DPTR, #TABLE"，其中"TABLE"为数据表的标号，这样 DPTR 就指向数据表的表头地址，查表指令就可以把数据表中的数据载入 A 中。

例如   DPTR=8100H，A=40H，执行指令

MOVC   A, @ A+DPTR

本指令的执行结果只和指针 DPTR 及累加器 A 的内容有关，因此表格的大小和位置可以在 64KB 程序存储器中任意安排，一个表格可以为各个程序块共用。

2. PC 作基址寄存器

MOVC   A, @ A+PC ; PC←PC+1, A←(A+PC)

这条指令是单字节指令，以 PC 作基址寄存器，A 的内容作为无符号整数和 PC 当前值（PC 加 1 后的值）相加后得到一个 16 位的地址，该地址指出的程序存储单元的内容送到累加器 A。由于 PC 中内容不能人为干预，只能查找指令所在位置以后 256B 范围内的代码或常数。

例如 A=30H，执行地址 1000H 处的指令

1000H: MOVC   A, @ A+PC

本指令占用一个字节，执行结果将程序存储器中 1031H 的内容送入 A。

优点：不改变特殊功能寄存器及 PC 的状态，根据 A 的内容就可以取出表格中的常数。

缺点：表格只能存放在该条查表指令后面的 256 个单元之内，表格的大小受到限制，且表格只能被一段程序所利用。同时，编程时需要进行地址偏移量的计算即计算 MOVC A, @ A+PC 指令所在地址与表格存放首地址间的距离字节数，并需要一条加法指令进行地址调整。地址偏移量计算公式为

$$地址偏移量 = 表格首地址 - (MOVC 指令起始地址 + 1)$$

例 2-8 从片外程序存储器 2000H 单元开始存放 0~9 的二次方值，分别以 DPTR 和 PC 作为基址寄存器进行查表，得 6 的二次方值。

解：（1）以 DPTR 作为基址寄存器进行查表

MOV　　DPTR，#2000H

MOV　　A，#06H

MOVC　A，@A+DPTR

（2）以 DPTR 和 PC 作为基址寄存器进行查表

设 MOVC 指令所在地址（PC）= 1FF0H，则偏移量 = 2000H−（1FF0H+1）= 0FH。

MOV　　A，#06H

ADD　　A，#0FH

MOVC　A，@A+PC

2.4　算术运算和逻辑运算指令

2.4.1　算术运算指令

单字节的加、减、乘、除法指令，都是针对 8 位二进制无符号数，执行的结果对 Cy、AC、OV 三种标志位有影响。

1. 不带 Cy 的加法指令

ADD　A，Rn　　　　　　　; A+Rn→A，n = 0~7

ADD　A，direct　　　　　; A+（direct）→A

ADD　A，@Ri　　　　　　; A+（Ri）→A，i = 0，1

ADD　A，#data　　　　　; A+#data→A

一个加数总是来自累加器 A，而另一个加数可由不同的寻址方式得到，结果总是放在 A 中。

使用加法指令时，要注意累加器 A 中的运算结果对各个标志位的影响：

1）如果位 7 有进位，则进位标志 Cy 置"1"，否则 Cy 清"0"。

2）如果位 3 有进位，辅助进位标志 AC 置"1"，否则 AC 清"0"。

3）如果位 6 有进位，而位 7 没有进位，或者位 7 有进位，而位 6 没有，则溢出标志位 OV 置"1"，否则 OV 清"0"。溢出标志位 OV 的状态，只有在带符号数加法运算时才有意义。当两个带符号数相加时，OV = 1，表示加法运算超出了累加器 A 所能表示的带符号数的有效范围。

2. 带进位加法指令

标志位 Cy 参加运算，因此是三个数相加。共 4 条：

ADDC　A，Rn　　　　　　; A+Rn+C→A，n = 0~7

ADDC　A，direct　　　　; A+（direct）+C→A

ADDC　A，@Ri　　　　　; A+（Ri）+C→A，i = 0，1

ADDC　A，#data　　　　; A+data+C→A

3. 加 1 指令

INC　A　　　　　　　　; A←A+1

```
INC    Rn              ; Rn←Rn+1
INC    direct          ; direct←（direct）+1
INC    @ Ri            ;（Ri）←（Ri）+1
INC    DPTR            ; DPTR←DPTR+1
```

前面 4 条指令是 8 位数加 1 指令，用于使源地址所规定的 RAM 单元内容加 1。只有第一条指令对奇偶标志位 P 产生影响，其余三条指令不影响 PSW 中的任何标志。第 5 条指令是对 DPTR 中内容加 1，是 MCS-51 单片机唯一的一条 16 位算术运算指令。指令首先对低 8 位指针 DPL 的内容执行加 1 的操作，当产生溢出时，就对 DPH 的内容进行加 1 操作，并不影响标志 Cy 的状态。

例 2-9 下面程序每一条指令执行完结果是什么？

```
ORG    0000H
MOV    A，#62H
MOV    R0，#20H
MOV    20H，#3FH
ADD    A，R0
ADDC   A，@ R0
INC    R0
MOV    @ R0，A
END
```

4. 十进制调整指令

```
DA    A
```

这条指令一般跟在 ADD 或 ADDC 指令后，用于对 BCD 码十进制数加法运算结果的内容进行修正。修正方法应是：

1）累加器低 4 位大于 9 或辅助进位位 AC=1，则进行低 4 位加 6 修正。

2）累加器高 4 位大于 9 或进位位 Cy=1，则进行高 4 位加 6 修正。

3）累加器高 4 位为 9，低 4 位大于 9，则高 4 位和低 4 位分别加 6 修正。

二进制数的加法运算原则并不能适用于十进制数的加法运算，有时会产生错误结果。例如：

1）3+6=9　0011+0101=1001　运算结果正确

2）7+8=15　0111+1000=1111　运算结果不正确

3）9+8=17　1001+1000=00001，Cy=1 运算结果不正确

BCD 码加法出错的原因是 BCD 码只有 0000～1001 这 10 个编码，1010，1011，1100，1101，1110，1111 为无效码，凡结果进入或者跳过无效码编码区时，其结果就是错误的。两个 BCD 码按二进制相加之后，必须经本指令的调整才能得到正确的压缩 BCD 码的和数。

例 2-10 完成两个 BCD 数加法运算，其中 A=56H，R5=67H。

解： ADD　A，R5

　　DA　A

　　0101 0110

```
  +0110 0111
 ─────────────
   1011 1101
```

由于高、低 4 位分别大于 9，所以要分别加 6 进行十进制调整对结果进行修正。

```
   1011 1101
 +      0110
 ─────────────
   1100 0011
 +0110
 ─────────────
  10010 0011
```

结果为：A = 23H，Cy = 1

可见，56+67 = 123，结果是正确的。

5. 带借位的减法指令

```
SUBB  A，Rn          ；A-Rn-Cy→A，n = 0~7
SUBB  A，direct       ；A-(direct)-Cy→A
SUBB  A，@Ri          ；A-(Ri)-Cy→A
SUBB  A，#data        ；A-data-Cy→A
```

从累加器 A 中的内容减去指定的变量和进位标志 Cy 的值，结果存在累加器 A 中。

如果位 7 需借位则 Cy 置 "1"，否则 Cy 清 "0"；

如果位 3 需借位则 AC 置 "1"，否则 AC 清 "0"；

如果位 6 需借位而位 7 不需要借位，或者位 7 需借位，位 6 不需借位，则溢出标志位 OV 置 "1"，否则 OV 清 "0"。

例 2-11　试分析 8051 执行如下指令后累加器 A 和 PSW 中标志位的变化状况。

```
CLR   C
MOV   A，#52H
SUBB  A，#0B4H
```

解：第一条指令用于清零 Cy；第二条指令把被减数送入累加器 A；第三条指令是减法指令，减数是一个负数。相应竖式为

```
      82      A = 0 1 0 1 0 0 1 0 B
 -)  -76   data = 1 0 1 1 0 1 0 0 B
 ──────────────────────────────────
     158      1 1 0 0 1 1 1 1 0 B

              1   0
             CP  CS
```

减法后的正确结果应当为十进制的 158，但累加器 A 中的实际结果是一个负数，是错误的。在另一方面，机器在执行减法指令时可以产生如下的 PSW 中的标志位。

Cy	AC	F0	RS1	RS0	OV	—	P
1	1	0	0	0	1	0	1

PSW 中的 OV＝1 也指示了累加器 A 中结果操作数的不正确性。

因此，在实际使用减法指令来编写带符号数减法运算程序时，要想在累加器 A 中获得正确的操作结果，也必须对减法指令执行后的 OV 标志加以检测。若 OV＝0，则 A 中结果正确；若 OV＝1，则 A 中结果产生了溢出。

6. 减 1 指令

```
DEC    A          ; A-1→A
DEC    Rn         ; Rn-1→Rn，n＝0～7
DEC    direct     ; direct-1→direct
DEC    @Ri        ; (Ri)-1→(Ri)，i＝0，1
```

减 1 指令不影响标志位。

7. 乘法指令

```
MUL    AB         ; A×B→BA
```

这条指令的功能是把累加器 A 和通用寄存器 B 中的两个 8 位无符号数相乘，所得 16 位乘积的低 8 位放在 A 中，高 8 位放在 B 中。

除法指令执行后会影响 3 个标志位。若乘积小于 FFH（即 B 中内容为 0），则 OV＝0，否则 OV＝1。Cy 总是被清零，奇偶标志位 P 仍按 A 中 1 的个数的奇偶性来确定。

如 A＝80H，B＝32H

执行指令　MUL　AB

结果 B＝19H，A＝00H，Cy＝0，OV＝1，P＝0。

8. 除法指令

```
DIV    AB         ; A÷B→A（商），余数→B
```

这条指令的功能是对两个无符号数进行除法运算。其中被除数放在 A 中，除数放在 B 中。指令执行后，商存于 A 中，余数存于 B 中。

除法指令执行后影响 3 个标志位。若除数为零（B＝0）时，OV＝1，表示除法没有意义；若除数不为零，则 OV＝0，表示除法正常进行。Cy 总是被清零，奇偶标志位 P 按 A 中 1 的个数的奇偶性来确定。

如 A＝87H，B＝0CH，

执行指令 DIV　AB

结果是 A＝0BH，B＝03H，OV＝0，Cy＝0，P＝1。

例 2-12　已知 X 和 Y 皆为 8 位无符号二进制数，分别在外部 RAM 的 1000H 和 1001H 单元。试编写能完成 Z＝3X＋2Y 操作并把操作结果（设 Z<255）送入内部 RAM 20H 单元的程序。

解：
```
ORG    0000H
MOV    DPTR, #1000H
MOVX   A, @DPTR
MOV    B, #03H
MUL    AB
MOV    R0, A
INC    DPTR
MOVX   A, @DPTR
```

```
MOV     B，#02H
MUL     AB
ADD     A，R0
MOV     20H，A
END
```

2.4.2　逻辑运算指令

1. 逻辑与指令

```
ANL   A，Rn                 ；A ← A ∧ Rn
ANL   A，direct             ；A ← A ∧（direct）
ANL   A，@Ri               ；A ← A ∧（Ri）
ANL   A，#data             ；A ← A ∧ data
ANL   direct，A             ；（direct）←（direct）∧ A
ANL   direct，#data         ；（direct）←（direct）∧ data
```

在实际编程中，逻辑与指令主要用于从某个存储单元中取出某几位，而把其他位变为 0。

2. 逻辑或指令

```
ORL   A，Rn                 ；A ← A ∨ Rn
ORL   A，direct             ；A ← A ∨（direct）
ORL   A，@Ri               ；A ← A ∨（Ri）
ORL   A，#data             ；A←A∨data
ORL   direct，A             ；（direct）←（direct）∨ A
ORL   direct，#data         ；（direct）←（direct）∨ data
```

在实际编程中，逻辑或指令可使某个存储单元或累加器 A 中的数据某些位变为 "1" 而其他位不变。

如（M1）= 39H，执行 "ORL　M1，#0FH" 后，（M1）= 3FH，低 4 位变为 1，高 4 位不变。

3. 逻辑异或指令

```
XRL   A，Rn                 ；A ← A⊕Rn
XRL   A，direct             ；A ← A⊕（direct）
XRL   A，@Ri               ；A ← A⊕（Ri）
XRL   A，#data             ；A ← A⊕data
XRL   direct，A             ；（direct）←（direct）⊕A
XRL   direct，#data         ；（direct）←（direct）⊕data
```

在实际编程中，逻辑异或指令可使某个存储单元或累加器 A 中的数据某些位变为反而其他位不变。

如（M1）= 39H，执行 "XRL　M1，#0FH" 后，（M1）= 36H，低 4 位变反，高 4 位不变。

4. 逻辑非指令

CPL   A   ; A ← $\overline{A}$

注：逻辑非指令仅用于累加器 A。

5. 累加器 A 清零指令

CLR   A   ; A ← 0

6. 累加器 A 的移位指令

（1）不带进位的循环移位指令

左移指令   RL   A   ; Ai+1 ← Ai、A0 ← A7

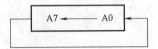

右移指令 RR   A   ; Ai ← Ai+1、A7 ← A0

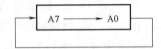

（2）带进位的循环移位指令

1）左移指令   RLC   A   ; Ai+1 ← Ai、Cy ← A7、A0 ← Cy

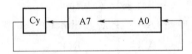

2）右移指令   RRC   A   ; Ai ← Ai+1、A7 ← Cy、Cy ← A0

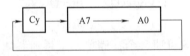

例 2-13   每条指令执行后的是什么？

```
ORG      0000H
MOV      R0, #40H
MOV      40H, #78H
MOV      A, #0FFH
ANL      A, #0FH
SWAP     A
ORL      A, R0
XRL      A, @R0
CPL      A
RL       A
END
```

例 2-14   已知 30H 和 31H 单元中有一个 16 位的二进制数（30H 中为低 8 位），请通过编程令其扩大到二倍。

解： 一个 16 位二进制数扩大到二倍就等于是把它进行了一次算术左移。由于 MCS-51 的移位指令是二进制 8 位的移位指令，因此 16 位数的移位指令必须用程序来实现。

```
ORG    0000H
CLR    C                 ; Cy←0
MOV    R1，#30H          ; 操作数低 8 位地址送 R1
MOV    A，@R1            ; A←操作数低 8 位
RLC    A                 ; 低 8 位操作数左移，低位补 0
MOV    @R1，A            ; 送回 30H 单元，Cy 中为最高位
INC    R1                ; R1 指向 31H 单元
MOV    A，@R1            ; A←操作数高 8 位
RLC    A                 ; 高 8 位操作数左移
MOV    @R1，A            ; 送回 31H 单元
SJMP   $                 ; 停机
END
```

在程序中，Cy 用于把 30H 中的最高位移入 31H 单元的最低位。

2.5　控制转移类指令

2.5.1　无条件转移指令

1. 长转移指令

LJMP   addr16   ; PC15～8← addr15～8，PC7～0←addr7～0

这条指令为 3 字节指令，该指令执行时，第一字节为操作码，该指令执行时，将指令的第二、三字节地址码分别装入 PC 的高 8 位和低 8 位中，程序无条件地转移到指定的目标地址去执行指令。16 位地址可以寻址 64KB，所以用这条指令可转移 PC 的 64KB ROM 的任何位置，故称为 "长转移指令"。

2. 绝对转移指令

AJMP   addr11   ; PC ← PC + 2，PC10～0 ← addr11

该指令执行时，先将 PC 内容加 2，（这时 PC 指向的是 AJMP 的下一条指令），然后把指令中的 11 位地址码传送到 PC10～0，而 PC15～11 保持原来内容不变。

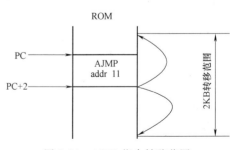

图 2-24　AJMP 指令转移范围

11 位地址的范围为 0000H～07FFH，即可转移的范围是 2KB。转移可以向前也可以向后，如图 2-24 所示。如果把单片机 64KB 寻址区划分成 32 页（每页 2KB），则 PC15～PC11（00000B～11111B）称为页面地址（即 0 页～31 页），a10～a0 称为页内地址。但要注意转移到的位置是要与 PC+2 的地址在同一个 2KB 区域，而不一

定与 AJMP 指令的地址在同一个 2KB 区域。例如，若 AJMP 指令的地址为 2FFEH，则 PC+2 = 3000H，故目标转移地址必在 3000H ~ 37FFH 这个 2KB 区域。

3. 短转移指令

SJMP   rel   ; PC←PC+2, PC←PC+rel

这条指令是双字节指令，其中第一字节为操作码，第二字节为地址偏移量 rel。指令的执行分两步完成：

第一步，取指令。此时 PC 自身加 2 形成 PC 的当前值。

第二步，将 PC 当前值与偏移量 rel 相加形成转移的目的地址。即

目的地址 = PC+2+rel

rel 是一个符号数，取值范围−128 ~ +127（00H ~ 7FH 对应表示 0 ~ +127，80H ~ FFH 对应表示−128 ~ −1），负数表示反向转移，正数表示正向转移。

用汇编语言编程时，rel 可以是一个转移目标地址的标号，由汇编程序在汇编过程中自动计算偏移地址，并填入指令代码中。

停机指令其实并不是真正的停机指令，该指令通常写成：

HERE：SJMP   HERE

或者 SJMP $

1000H   SJMP $

1002H   ……

Rel = 1000H−1002H = −2H = [−2]$_{补}$ = FEH

该指令的机器码为 80FEH，其中 FEH 为 -2 的补码，由于指令的目标转移地址和源地址重合，因此机器始终在连续不断地执行该指令本身。

4. 变址转移指令

JMP   @ A + DPTR   ; PC ←A + DPTR

变址转移指令又称为散转指令，该指令具有散转功能，可以代替许多判别跳转指令。DPTR 中内容与 A 中内容之和是转移地址，并直接送入 PC 中。

如，当 A = 0 时，程序转到 ROUT00 处执行指令；当 A = 01H 时，程序转到 ROUT01 处执行指令；当 A = 2 时，程序转到 ROUT02 处执行指令；当 A = 03 时，程序转到 ROUT03 处执行指令。

```
MOV      DPTR，#TABLE
RL       A
JMP      @ A+DPTR
TABLE：AJMP   ROUT00
AJMP     ROUT01
AJMP     ROUT02
AJMP     ROUT03
ROUT00：……
ROUT01：……
ROUT02：……
ROUT03：……
```

2.5.2　条件转移指令

条件转移指令是指当某种条件满足时，转移才进行；条件不满足时，程序就按顺序往下执行。

条件转移指令的共同特点一方面所有的条件转移指令都属于相对转移指令，转移范围相同，都在以 PC 当前值为基准的 256B 范围内（−128～+127）。另一方面计算转移地址的方法相同，即：转移地址＝PC 当前值+rel。

1. 累加器 A 判零条件转移指令

```
JZ    rel    ；若 A＝0，则转移执行 PC＝PC+2+rel
             ；若 A≠0，则顺序执行 PC＝PC+2
JNZ   rel    ；若 A≠0，则转移执行 PC＝PC+2+rel
             ；若 A＝0，则顺序执行 PC＝PC+2
```

第一条指令的功能是：如果累加器 A＝0，则转移，否则继续执行原程序；第二条指令恰好和第一条指令相反，A≠0 则转移，否则继续执行原程序。上述指令均为 2 字节指令，rel 为相对地址偏移量，在程序中常用标号替代，译成机器码时才换算成 8 位符号数，取值范围为 −128～+127。

例 2-15　已知外部 RAM 中以 30H 为起始地址的数据块以零为结束标志。试通过编程将之传送到以 50H 为起始地址的内部 RAM 区。

```
解：    ORG   0000H
        MOV   R0, # 30H          ；外部 RAM 数据块起始地址送 R0
        MOV   R1, # 50H          ；内部 RAM 数据块起始地址送 R1
LOOP：  MOVX  A, @ R0            ；外部 RAM 取数送 A
        JZ    DONE               ；若 A＝0，则转 DONE
        MOV   @ R1, A            ；若 A≠0，则给内部 RAM 送数
        INC   R0                 ；修改外部 RAM 地址指针
        INC   R1                 ；修改内部 RAM 地址指针
        SJMP  LOOP               ；循环
DONE：  SJMP  $                  ；停机
END
```

2. 比较条件转移指令

```
CJNE  A, #data, rel     ；若 A＝data，则顺序执行 PC 目的＝PC 源+3
                        ；若 A≠data，则转移执行 PC 目的＝PC 源+3+rel
CJNE  A, direct, rel    ；若 A＝（direct），则顺序执行 PC 目的＝PC 源+3
                        ；若 A≠（direct），则转移执行 PC 目的＝PC 源+3+rel
CJNE  @ Ri, #data, rel  ；若（Ri）＝data，则顺序执行 PC 目的＝PC 源+3
                        ；若（Ri）≠data，则转移执行 PC 目的＝PC 源+3+rel
CJNE  Rn, #data, rel    ；若 Rn≠data，则转移执行 PC＝PC+3+rel
                        ；若 Rn＝data，则顺序执行 PC＝PC+3
```

CJNE（Compare Jump Not Equal）为比较条件转移指令的汇编助记符。这类指令的功能

是对目的字节和源字节进行比较，若它们的值不相等，则转移。转移的目的地址为当前的 PC 值加 3 后，再加指令的第三字节偏移量（rel）。若目的字节内的数大于源字节内的数，则将进位标志位 CY 清 0；若目的字节数小于源字节数，则将进位标志位 CY 置 1；若二者相等，则往下执行。

3. 减 1 条件转移指令

```
DJNZ   Rn, rel      ; 指令首先完成 Rn←Rn-1 功能
                    ; 若 Rn = 0，则顺序执行 PC 目的←PC 源+2
                    ; 若 Rn≠0，则转移执行 PC 目的←PC 源+2+rel
DJNZ   direct, rel  ; 指令首先完成（direct）←（direct）-1 功能
                    ; 若（direct）= 0，则顺序执行 PC 目的←PC 源+3
                    ; 若（direct）≠0，则转移执行 PC 目的←PC 源+3+rel
```

DJNZ（Decrease Jump Not Zero）为减 1 条件转移指令的汇编助记符。在一般的应用中，经常把 rel 设为负值，使得程序负向跳转，程序每执行一次本指令，将第一操作数的字节变量减 1，并判断字节变量是否为 0。若不为 0，则转移到目的地址，继续执行刚才的循环程序段；若为 0，则不往回跳转，终止循环程序段的执行，程序向下顺序执行。通过改变指令中 Rn 或者 direct 单元的内容，就可以控制程序负向跳转的次数，也就控制了程序循环的次数，所以该指令又称为循环转移指令。

例 2-16　将数据块片外 RAM3000H~3010H 单元中内容全变为 00H。

解：方法（一）

```
        ORG    0000H
        MOV    DPTR, #3000H
        CLR    A
        MOV    R0, A
LOOP:   MOVX   @ DPTR, A
        INC    DPTR
        INC    R0
        CJNE   R0, #11, LOOP
        SJMP   $
        END
```

方法（二）

```
        ORG    0000H
        MOV    DPTR, #3000H
        CLR    A
        MOV    R0, #11
LOOP:   MOVX   @ DPTR, A
        INC    DPTR
        DJNZ   R0, LOOP
        SJMP   $
        END
```

例 2-17　试编程令片内 RAM 中以 30H 为起始地址的数据块中的连续 10 个无符号数相加，并将和送到 40H 单元。设相加结果不超过 8 位二进制数所能表示的范围。

解：

```
      ORG   0000H
      MOV   R2, #0AH      ; 数据块长度送 R2
      MOV   R0, #30H      ; 数据块起始地址送 R0
      CLR   A             ; 累加器清零
LOOP: ADD   A, @ R0       ; 加一个数
      INC   R0            ; 修改加数地址指针
      DJNZ  R2, LOOP      ; R2-1≠0，则 LOOP
      MOV   40H, A        ; 存和
      SJMP  $             ; 结束
      END
```

2.5.3　子程序调用及返回指令

在程序设计中，常常出现几个地方都需要进行功能完全相同的处理，如果重复编写这样的程序段，会使程序变得冗余而杂乱。对此，可以采用子程序，即把具有一定功能的程序段编写成子程序，通过主程序调用来使用它，这样减少了编程工作量，而且也缩短了程序的长度。

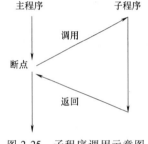

图 2-25　子程序调用示意图

调用子程序的程序称之为主程序，主程序和子程序之间的调用关系如图 2-25 所示。从图中可以看出，子程序调用要中断原有指令的执行顺序，转移到子程序的入口地址去执行子程序。与转移指令不同的是：子程序执行完毕后，要返回到调用指令的下一条指令（该指令地址称为断点地址）执行。因此，子程序调用指令必须将程序中断位置的地址保存起来，一般是放在堆栈中保存。

调用和返回构成了子程序调用的完整过程。为了实现这一过程，必须有子程序调用指令和返回指令。调用指令在主程序中使用，而返回指令则是子程序中的最后一条指令。

1. 调用指令

（1）短调用指令

```
ACALL   addr11          ; PC←PC+ 2
                        ; SP←SP+1, (SP)←PC 当前低 8 位
                        ; SP←SP+1, (SP)←PC 当前高 8 位
                        ; PC10 ~ 0←addr11
```

执行本指令，PC 内容先加 2，指向下一条指令的地址（断点地址），然后将 PC 值压入堆栈，堆栈指针 SP 加 2；接着将 11 位目的地址（addr10 ~ addr0）送到 PC 的低 11 位（PC10~PC0），PC 值的高 5 位（PC15~PC11）不变。由于该指令只能部分更改 PC 值，而 2^{11} =2KB，因此，所调用的子程序首地址必须在 ACALL 指令后一字节所在的 2KB 范围内的程序存储器中。

（2）长调用指令

```
LCALL    addr16              ; PC←PC+3
                             ; SP←SP+1, (SP)←PC 当前低 8 位
                             ; SP←SP+1, (SP)←PC 当前高 8 位
                             ; PC←addr16
```

该指令的功能是先将 PC 加 3, 指向下条指令地址 (断点地址), 然后将断点地址压入堆栈, 再把指令中的 16 位子程序入口地址装入 PC, 以使程序转到子程序入口处。

长调用指令可调用 64KB 程序存储器任意位置的子程序, 即调用范围为 64KB。

2. 返回指令

(1) 子程序返回指令

调用子程序或执行中服程序时需保护断点, 执行完子程序或执行中服程序后应返回断点。RET 称为子程序返回指令, 只能用在子程序末尾; RETI 称为中断返回指令, 只能用在中断服务程序末尾。

```
RET                         ; PC 当前高 8 位←(SP), SP←SP-1
                            ; PC 当前低 8 位←(SP), SP←SP-1
```

该指令的功能是从堆栈中自动取出断点地址送入 PC, 使程序返回到主程序断点处继续往下执行。

(2) 中断服务程序返回指令

```
RETI                        ; PC 当前高 8 位←(SP), SP←SP-1
                            ; PC 当前低 8 位←(SP), SP←SP-1
```

该指令的功能是从堆栈中自动取出点的地址送入 PC, 使程序返回到主程序断点处继续往下执行。同时清除中断响应时被置位的优先级状态触发器, 以告之中断系统已经结束中断服务子程序的执行, 恢复中断逻辑以接受新的中断请求。

例 2-18 试利用子程序技术编出令 20H~2AH 和 30H~3EH 两个子域清零的程序。

解:

```
         ORG    0000H
         MOV    SP, #70H    ; 令堆栈的栈底地址为 70H
         MOV    R0, #20H    ; 第一清零区起始地址送 R0
         MOV    R2, #0BH    ; 第一清零区单元数送 R2
         ACALL  ZERO        ; 给 20H~2AH 区清零
         MOV    R0, #30H    ; 数据块长度送 R0
         MOV    R2, #0FH    ; 第二清零区起始地址送 R2
         ACALL  ZERO        ; 给 30H~0FH 区清零
         SJMP   $           ; 结束
         ORG    1050H
ZERO: MOV  @R0, #00H        ; 清零
         INC  R0            ; 修改清零区指针
         DJNZ R2, ZERO      ; R2-1≠0, 则 ZERO
         RET                ; 返回
         END
```

2.5.4　空操作指令

NOP　　；PC←PC+1

特点：执行该指令仅用一机器周期时间，无任何功能。

2.6　位操作指令

位操作指令在单片机指令系统中占有重要地位，这是因为单片机在控制系统中主要用于控制线路的通、断及继电器的吸合与释放等。

位操作也称布尔变量操作，它是以位（bit）为单位进行运算和操作的。MCS-51 单片机内部有一个功能相对独立的布尔处理器。布尔处理器借用进位标志 Cy 作为累加器，有位存储器（即位寻址区中的 128 位）。

2.6.1　位传送指令

1. 位地址中的值（0 或 1）传送给进位标志 Cy

MOV　C，bit　　　；Cy←(bit)

2. 进位标志 Cy 的值（0 或 1）传送到位地址中

MOV　bit，C　　　；(bit)←Cy

注：bit 为位地址，C 为标志 Cy 的助记符

例 2-19　试通过编程把 00H 位中的内容和 7FH 位中的内容相交换。

解：为了实现把 00H 位中的内容和 7FH 位中的内容相交换，可以采用 01H 位作为暂存器位，程序为

ORG　0000H

MOV　C，00H　　；Cy←(00H)

MOV　01H，C　　；暂存于 01H 位

MOV　C，7FH　　；Cy←(7FH)

MOV　00H，C　　；存入 00H 位

MOV　C，01H　　；00H 位的原内容送 Cy

MOV　7FH，C　　；存入 7FH 位

SJMP　$　　　　；停机

END

在程序中，00H、01H 和 7FH 均为位地址。其中，00H 是指 20H 字节单元中的最低位，01H 是它的次低位，7FH 是 2FH 字节单元中的最高位。

2.6.2　位置 1、位清 0 指令

1. 位置 1 指令

SETB　C　　　　　；进位标志 Cy 置 1 指令

SETB　bit　　　　；位地址中置 1 指令

2. 位清 0 指令

CLR　C　　　　　　　；进位标志 Cy 清 0 指令

CLR　bit　　　　　　；位地址中置 0 指令

2.6.3 位逻辑运算指令

1. 位"与"运算指令

ANL　C, bit　　　　；Cy←Cy∧（bit）

ANL　C, /bit　　　　；Cy←Cy∧（$\overline{bit}$）

2. 位"或"运算指令

ORL　C, bit　　　　；Cy←Cy∨（bit）

ORL　C, /bit　　　　；Cy←Cy∨（$\overline{bit}$）

3. 位"非"运算指令

CPL　C　　　　　　　；Cy←$\overline{Cy}$

CPL　bit　　　　　　；bit←（$\overline{bit}$）

2.6.4 位控制转移指令

1. 以 Cy 中的内容为条件的转移指令

JC　　rel　　　　　　；若 Cy = 1, PC←PC+2+rel

　　　　　　　　　　　；若 Cy = 0, PC←PC +2

JNC　　rel　　　　　　；若 Cy = 0, PC←PC+2+rel

　　　　　　　　　　　；若 Cy = 1, PC←PC+2

第一条指令执行时，机器先判断 Cy 中的值。若 Cy = 0，则程序不转移，继续执行原程序；若 Cy = 1，则程序发生转移。第二条指令与第一条恰好相反，若 Cy = 1，则程序不转移，继续执行原程序；若 Cy = 0，则程序发生转移。

这两条指令是相对转移指令，都是以 Cy 中的值来决定程序是否需要转移。因此，这组指令常常与比较条件转移指令 CJNE 连用，以便根据 CJNE 指令执行过程中形成的 Cy 进一步决定程序的流向或形成三分支模式。

例 2-20 已知内部 RAM 的 30H 和 40H 单元中各有一个无符号 8 位二进制数。试编程比较它们的大小，并把大数送到 50H 中。

解：　　ORG　0000H

　　　　　MOV　A, 30H　　　　　　　；A←（30H）

　　　　　CJNE　A, 40H, LOOP　　　；若 A≠（40H），则 LOOP，形成 Cy 标志

　LOOP：JNC　LOOP1　　　　　　　；若 A≥（40H），则 LOOP1

　　　　　MOV　A, 40H　　　　　　　；若 A<（40H），则 A←（40H）

LOOP1：MOV　50H, A　　　　　　；50H←大数

　　　　　END　　　　　　　　　　　；结束

2. 以位地址中的值为条件的位控制转移指令

JB　bit, rel　　　；若（bit）= 1, PC←PC+3+rel

```
                    ；若（bit）= 0，PC←PC+3
    JNB  bit，rel    ；若（bit）= 0，PC←PC+3+rel
                    ；若（bit）= 1，PC←PC+3
    JBC  bit，rel    ；若（bit）= 1，PC←PC+3+rel 且（bit）= 0
                    ；若（bit）= 0，PC←PC+3
```

例 2-21　片内 RAM 56H 单元中内容为一个符号数，编写程序完成判断其正负如果是零，则程序转移到 ROUT0 处，将特征值"00H"送入片内 RAM 30H 单元；如果是正数，则程序转移到 ROUT1 处，将特征值"01H"送入片内 RAM 30H 单元；如果是负数，程序转移到 ROUT2 处，将特征值"FFH"送入片内 RAM 30H 单元。

```
            ORG   0000H
            MOV   A，56H
            JZ    ROUT0
            JB    ACC. 7，ROUT2
            SJMP  ROUT1
    ROUT0：MOV   30H，#00H
            SJMP  DONE
    ROUT1：MOV   30H，#01H
            SJMP  DONE
    ROUT2：MOV   30H，#0FFH
    DONE：SJMP   $
            END
```

2.7　汇编语言程序设计

2.7.1　汇编语言设计概述

计算机要完成某项任务，必须按一定的顺序执行各种操作，这些操作就是用计算机能接受的语言编写的计算机程序。

1. 程序设计语言

（1）机器语言　机器语言就是用二进制代码来表示指令和数据，也称为机器代码、指令代码。机器语言是计算机唯一能识别和执行的语言，用其编写的程序执行效率最高，速度最快，但由于指令的二进制代码很难记忆和辨认，给程序的编写、阅读和修改带来很多困难，所以几乎没有人直接使用机器语言来编写程序。

（2）汇编语言　计算机所能执行的每条指令都对应一组二进制代码。为了容易理解和记忆计算机的指令，人们用英文助记符表示指令，用助记符表示的指令就是符号语言或汇编语言。

将汇编语言程序转换成为二进制代码表示的机器语言程序称为汇编程序。

经汇编程序"汇编（翻译）"得到的机器语言程序称为目标程序，原来的汇编语言程序称为源程序。

汇编语言特点：

面向机器的语言，程序设计员须对 MCS-51 的硬件有相当深入的了解。

助记符指令和机器指令一一对应，用汇编语言编写的程序效率高，占用存储空间小，运行速度快，用汇编语言能编写出最优化的程序。能直接管理和控制硬件设备（功能部件），它能处理中断，也能直接访问存储器及 I/O 接口电路。

汇编语言和机器语言都脱离不开具体机器的硬件，均是面向"机器"的语言，缺乏通用性。

（3）高级语言　高级语言是一种面向算法、过程和对象的程序设计语言，它采用更接近人们自然语言和习惯的数学表达式及直接命令的方法来描述算法、过程和对象，如 BASIC、C 语言。高级语言的语句直观、易学、通用性强，便于推广、交流，但高级语言编写的程序经编译后所产生的目标程序大，占用内存多，运行速度较慢。

2. 汇编语言格式与伪指令

用汇编语言编写程序，其实质是从指令系统选取并进行组织能实现特定问题所要求功能的一个指令子集的过程。当然，程序设计首先是算法的设计，还要采用一些程序设计的方法。这些与采用其它任何一种语言进行程序设计是一样的。

用汇编语言编写的程序称为源程序。它不能直接在计算机上运行，必须经过汇编，把它变换成机器代码程序后才能执行。如果采用机器进行汇编，则需要提高如何进行汇编的一些信息。提供这些信息的命令叫作伪指令。所以，汇编程序中除了指令系统中的指令外，还包含一些伪指令。

（1）汇编程序格式　汇编程序是指令系统的一个子集，只要指令按格式书写就构成了程序的基本格式。在程序中，指令书写具有如下格式：

［标号：］操作码助记符［目的操作数］［，源操作数］［；注释］

例如：CLEAR：MOV　A，#00H　；将 0 送入 A 中

在指令性语句中加方括号的是可选项，可以有，也可以没有，根据具体设计情况确定。各字段的含义做如下说明。

1）标号段。标号是用户定义一个符合地址，表示存放指令或数据的存储单元地址。标号名由字母开头并由 1~8 个字母或数字串组成，它可有可无，但不能用指令助记符、伪指令或寄存器名来作标号名。

2）操作码段。操作码是指令或伪指令的助记符，用来表示指令的性质。

3）操作数段。操作数是参加预算的数据或数据的地址。操作数的个数因指令不同而不同，通常有无操作数、单操作数、双操作数和三操作数四种情况。

操作数的表示方法常用以下几种：

① 用二进制、十进制或十六进制形式表示。注意，采用二进制和十六进制形式要加后缀；若十六进制立即数的开头是 A~F 中的一个，则该数前要加一个"0"。

② 用工作寄存器和特殊功能寄存器表示。工作寄存器和特殊功能寄存器的代号可以用于表示操作数的地址。

③ 用标号来表示。为了记忆方便，已定义的标号可以用于表示操作数的地址。

④ 用带加减运算符的表达式表示。已定义的标号通过加减运算可以用于表示操作数的

地址。

⑤ 用 $ 符表示。$ 常用在转移类指令中，表示该转移指令的转移地址。

4）注释段。注释是对本指令执行目的和所起作用所做的说明，便于阅读和交流，可有可无。在汇编时，对这部分不予理会，它不被译成任何机器码，不影响机器的汇编结果。

（2）伪指令　通常，汇编语言源程序是由指令和伪指令两部分。指令能使 CPU 执行某种操作，能生成对应的机器代码。伪指令不能命令 CPU 执行某种操作，也没有对应的机器代码，它的作用仅用来给汇编程序提供某种信息。伪指令是汇编程序能够识别的汇编命令。MCS-51 汇编程序常用的伪指令如下。

1）ORG（Origin）汇编起始地址命令。在汇编语言源程序的开始，通常都用一条 ORG 伪指令来实现规定程序的起始地址。如不用 ORG 规定，则汇编得到的目标程序将从 0000H 开始。例如：

ORG　2000H

START：MOV　A，#00H

　　　　　　⋮

规定标号 START 代表地址为 2000H 开始。

在一个源程序中，可多次使用 ORG 指令，来规定不同的程序段的起始地址。但是，地址必须由小到大排列，地址不能交叉、重叠。例如：

ORG　2000H

　　　⋮

ORG　2600H

　　　⋮

ORG　3000H

　　　⋮

2）END 汇编终止命令。汇编语言源程序的结束标志，用于终止源程序的汇编工作。在整个源程序中只能有一条 END 命令，且位于程序的最后。

3）DB（Define Byte）定义字节命令。在程序存储器的连续单元中定义字节数据。

ORG　2000H

DB　30H，40H，24，"C"，"B"

汇编后：

　　　（2000H）= 30H

　　　（2001H）= 40H

　　　（2002H）= 18H（10 进制数 24）

　　　（2003H）= 43H（字符 "C" 的 ASCII 码）

　　　（2004H）= 42H（字符 "B" 的 ASCII 码）

DB 功能是从指定单元开始定义（存储）若干个字节，十进制数自然转换成十六进制数，字母按 ASCII 码存储。

4）DW（Define Word）定义数据字命令。从指定的地址开始，在程序存储器的连续单元中定义 16 位的数据字。例如：

ORG　2000H

DW　1246H，7BH，10

汇编后：

（2000H）= 12H　；第 1 个字

（2001H）= 46H

（2002H）= 00H　；第 2 个字

（2003H）= 7BH

（2004H）= 00H　；第 3 个字（2005H）= 0AH

（2005H）= 0AH

5）EQU（Equate）赋值命令。用于给标号赋值。赋值以后，其标号值在整个程序有效。例如：

TEST　EQU　2000H

表示标号 TEST = 2000H，在汇编时，凡是遇到标号 TEST 时，均以 2000H 来代替。

6）BIT（位地址赋值）伪指令。该语句的功能是把 BIT 右边的位地址赋给它左边的"字符名称"。因此，BIT 语句定义过的"字符名称"是一个符号位地址。例如：

ORG　0030H

A1　BIT　00H

A2　BIT　P0.0

7）DS（预留存储空间）伪指令。从标号指定的单元开始，保留若干字节的内存的内存空间以备源程序使用，存储空间内预留的存储单元数由表达式的值决定。

ORG　1000H

DS　20H

DB　30H，8FH

汇编后，从 1000H 开始，预留 32 个字节的内存单元，然后从 1020H 开始，按照下一条 DB 指令赋值，即（1020H）= 30H，（1021H）= 8FH。

2.7.2　程序设计流程图

1. 程序设计步骤

采用汇编语言编制程序的过程称为汇编语言程序设计。通常分为以下 6 步：

（1）明确任务、分析任务、构思程序设计基本框架　根据任务，明确功能要求和技术指标，构思程序技术基本框架。一般可将程序设计划分为多个程序模块，每个模块完成特定的子任务。这种程序设计框架也称为模块化设计。

（2）合理使用单片机资源　合理使用单片机资源目的是使程序占用 ROM 少，执行速度快、处理突发事件能力强、工作稳定可靠。例如，要求定时精度高，可采用定时器；若要求及时处理片内外突发事件，宜采用中断。

（3）选择算法、优化算法　逻辑运算、数字运算，要选择优化算法，力求占用 ROM 少，执行速度快。

（4）设计程序流程图　根据构思的程序设计框架设计好程序流程图。流程图包括总程序流程图、子程序流程图和中断服务程序流程图。程序流程图使程序设计形象、程序设计思路清晰。

（5）编写程序　编写程序是程序设计实施的关键步骤。要力求正确、简练、易读、易改。可采用 Keil、Proteus 提供的汇编语言编辑器。

（6）程序汇编与调试　程序汇编与调试是检验程序设计正确性的必经步骤。一般分为以下两步。

1）汇编或编译。通过汇编工具进行，汇编通过只能说明设计中语法（如指令格式、符号、标号）正确。

2）调试。调试通过说明程序设计满足设计任务的功能、指标要求。

2. 程序设计流程图

程序设计流程图由各种示意图形、符号、指向线、说明、注释等组成。用来说明程序执行各阶段的任务处理和执行走向。表 2-2 列出了常用的流程图图符号和说明。

表 2-2　常用的流程图符号和说明

符号	名称	功能
（圆角框）	开始框或结束框	程序的开始或结束
（矩形框）	程序处理框	各种处理操作
（菱形框）	判断框	条件转移操作
（流程线）	流程线	描述程序的流向

3. 程序设计技巧

在进行程序设计时，应注意以下事项及技巧：

1）尽量采用循环结构和子程序。这样可以使程序的总容量大为减少，并提高程序的编写效率和执行效率。采用多重循环时，要注意各重循环的初值和循环结束条件。

2）尽量采用模块化设计方法，使程序有条理、层次清楚，易读、易懂、易修改。

3）尽量少用无条件转移指令。这样可以使程序条理清楚，从而减少错误。

4）对于子程序，要考虑通用性，要注意保护现场和恢复现场。

5）由于中断请求是随机产生的，所以在中断处理程序中，更要注意保护现场和恢复现场。

2.7.3　程序结构

1. 顺序程序设计方法

顺序结构程序（也称为简单程序）是无分支、无循环的程序，最简单、最基本的程序。其执行流程是依指令在存储器中的存放顺序进行的。

要设计出高质量的程序需要熟悉指令系统，正确地选择指令，掌握程序设计的基本方法和技巧，以达到提高程序执行效率、减少程序长度、最大限度地优化程序的目的。

在设计顺序程序时，要注意顺序程序的特点和设计方法，具体如下：

1）结构比较单一和简单，按程序编写的顺序依次执行，中间没有任何分支，程序流向不变。

2）数据传送指令使用得较多，没有控制转移指令。

3）作为复杂程序的某个组成部分，如循环程序中需多次重复执行的某段程序（称为循环处理）。

例 2-22　已知 20H 单元有一个单字节二进制数，请编程把它转换为 3 位 BCD 码，百位 BCD 数放在 21H 单元，十位和个位 BCD 数放在 22H 单元，十位 BCD 数放在 22H 单元中的高 4 位。

解：二进制数转换为 BCD 码的一般方法是把二进制数除以 1000、100、10 等 10 的各次幂，所得的商即为千、百、十位数，余数为个位数。

```
ORG   0000H
MOV   A，20H        ; 被除数送 A
MOV   B，#100       ; 除数 100 送 B
DIV   AB           ; A 除以 B，商放入 A 余数放入 B
MOV   21H，A        ; 百位 BCD 送 21H 单元
MOV   A，B          ; 余数送 A
MOV   B，#10        ; 除数 10 送 B
DIV   AB           ; A 除以 B，商放入 A 余数放入 B
SWAP  A            ; 十位 BCD 数交换到 A 的高 4 位
ADD   A，B          ; 十位 BCD 数与个位 BCD 数相加送入 A
MOV   22H，A        ; 存入 22H 单元
END
```

例 2-23　设在片外 RAM 的 20H 单元中有一数 x，其值范围为 0～9，要求利用查表方法求此数的二次方值 y 并把结果存入片外 RAM 的 21H，试编写相应程序。

查表就是根据自变量 x，在表格中寻找 y，使 $y = f(x)$。对于 MCS-51 单片机，数据表格一般存放于程序存储器内。采用 MCS-51 汇编语言进行查表尤为方便，它有两条专门的查表指令：

```
MOVC   A，@A+DPTR
MOVC   A，@A+PC
```

第一条查表指令采用 DPTR 存放数据表格的起始地址，其查表过程简单。查表前需要把数据表格起始地址存入 DPTR，然后把所查表的项数送入累加器 A，最后使用 MOVC　A，@A+DPTR 完成查表。

采用 MOVC　A，@A+PC 指令查表，其步骤可分为如下三步：

1）使用传送指令把所查数据表格的项数送入累加器 A。

2）使用 ADD　A，#data 指令对累加器 A 进行修正。data 值由下式确定：

PC+data＝数据表起始地址 DTAB

其中，PC 是查表指令 MOVC　A，@A+PC 的下一条指令码的起始地址。因此，data 值实际上等于查表指令和数据表格之间的字节数。

3）采用查表指令 MOVC　A，@A+PC 完成查表。

解：
```
ORG   0000H
MOV   R0，#20H           ; R0←20H
MOVX  A，@R0            ; A←x
```

```
        MOV   DPTR, #TAB
        MOVC  A, @ A+DPTR        ; A←y
        MOV   R0, #21H           ; R0←21H
        MOVX  @ R0, A            ; y 值送 21H 单元
        SJMP  $                  ; 停机
TAB:    DB  0, 1, 4, 9, 16
        DB  25, 36, 49, 64, 81
        END
```

2. 分支程序设计方法

分支转移程序的特点是程序中含有转移指令，转移指令又分为无条件转移指令和条件转移指令，因此分支程序也可分为无条件分支程序和条件分支程序。无条件分支程序简单，这里不再讨论。条件分支程序中含有条件转移指令，是讨论的重点。

条件分支程序：若某种条件满足，则机器就转移到另一分支上执行；若条件不满足，则机器按原程序继续执行。在 MCS-51 中，条件转移指令共有 13 种，分为累加器 A 判零条件转移、比较条件转移、减 1 条件转移和位控制条件转移等四类。正确运用这 13 类条件转移指令进行编程可完成分支程序设计。

例 2-24 设自变量为一无符号数，存放在内部 RAM 的 VAX 单元，函数 Y 存放在 FUNC 单元。请编写满足如下关系的程序：

$$Y = \begin{cases} X & X \geqslant 50 \\ 5X & 50 > X \geqslant 20 \\ 2X & X < 20 \end{cases}$$

```
解：    ORG   0000H
VAR     DATA  20H
FUNC    DATA  21H
        MOV   A, VAR            ; A←（20H）
        CJNE  A, #50, NEXT1     ; 建立 Cy
NEXT1： JNC   DONE              ; 若 X>=50，则 DONE
        CJNE  A, #20, NEXT2     ; 建立 Cy
NEXT2： JC    NEXT3             ; 若 X<20，则 NEXT3
        RL    A
        RL    A
        ADD   A, 20H            ; A←5X
        SJMP  DONE
NEXT3： RL    A                 ; A←2X
 DONE： MOV   FUNC, A           ; 21H←A
        SJMP  $
        END
```

例 2-25 已知 R0 低 4 位有一个十六进制数（0~F 中的一个），请编写能把它转换成相应 ASCII 码并送入 R0 的程序。

解：由 ASCII 码字符表可知 0～9 的 ASCII 码为 30H～39H，A～F 的 ASCII 码为 41H～46H。因此，计算求解的思路是：若 R0≤9，则 R0 内容只需要加 30H；若 R0>9，则 R0 需加 37H。

```
        ORG   0000H
        MOV   A, R0          ; 取转换值 A
        ANL   A, #0FH        ; 屏蔽高 4 位
        CJNE  A, #10, NEXT1  ; A 和 10 比较
NEXT1： JNC   NEXT2          ; 若 A>9，则转 NEXT2
        ADD   A, #30H        ; 若 A<10，则 A←A+30H
        SJMP  DONE           ; 转 DONE
NEXT2： ADD   A, #37H        ; A←A+37H
 DONE： MOV   R0, A          ; 存结果
        SJMP  $
        END
```

3. 循环程序设计方法

循环是指 CPU 反复执行某种相同操作。从本质上讲，循环只是选择结构程序中的一个特殊形式而已。因为循环的重要性，因而将它独立作为一种程序结构。循环结构由以下 4 个主要部分组成，如图 2-26 所示。

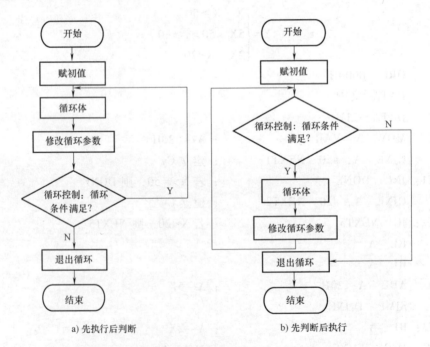

a) 先执行后判断　　　　b) 先判断后执行

图 2-26　循环结构程序

（1）循环程序设计结构

1）循环初始化。循环初始化是进入循环处理前必须要有的一个环节，用于完成循环前的准备工作。循环初始化包括给工作寄存器（或其他存储单元）设置计数初值、地址指针、

数据块长度等。

2）循环处理。循环处理是需要多次重复执行的程序段。循环处理是循环程序的核心，用于完成主要的计算和操作任务。

3）循环控制。循环控制用条件转移指令控制循环十分继续。每循环一次，根据循环结束条件进行一次判断：当满足条件时，停止循环，继续执行其他循环；否则，再做循环。

4）循环结束。循环结束用于存放循环程序的执行结果，同时恢复相关工作单元的初值。

（2）循环程序的特点和设计方法

1）程序结构紧凑，占用存储单元较少，程序中间有分支，循环程序本质上是分支程序的一种特殊形式。

2）DJNZ 指令使用得较多，凡是分支程序中可以使用的控制转移指令，循环程序一般都可以使用。

3）循环控制的形式有多种。计数循环是最常用的一种，它先预置计数初始值，再用 DJNZ 指令控制循环次数；条件循环也是较常用的一种，它先预置结束循环的条件，再用 CJNE 指令、JZ 指令或 JB 指令控制循环的结束。

例 2-26　设晶振频率为 6MHz，试编写能延时 20ms 的子程序。

$$一个机器周期 = 12T = 12 \times \frac{1}{6 \times 10^6}s = 2\mu s$$

20ms 共需 10000 个机器周期。

机器周期分配如下：

$$（100 \times 2 + 4）\times 49 + 4 = 10000$$
$$\qquad R6 \qquad\qquad R7$$

```
解：        ORG    0000H
 DELAY：MOV    R7，#49
DELAY2：MOV    R6，#100
DELAY1：DJNZ   R6，DELAY1
        NOP
        DJNZ   R7，DELAY2
        NOP
        RET
```

例 2-27　设单片机 8031 内部 RAM 起始地址 30H 的数据块中有 64 个无符号数。试编写程序，使它们按从小到大的顺序排列。

解： 设 64 个无符号数在数据块中序号为：e64，e53，……，e2，e1，使它们按从小到大的顺序排列的方法颇多。现以气泡分类法为例加以介绍。

气泡分类法又称为两两比较法。它先使 e64 和 e63 比较，若 e64>e63，则两个存储单元中的内容交换，反之则不交换，然后使 e63 和 e62 相比，按同样原则决定是否交换，一直比较下去，最后完成 e2 和 e1 的比较及交换，经过 N-1 = 63 次比较（常用内循环 63 次来实现）后，e1 位置上必然得到数组中的最大值，犹如一个气泡从水底冒到了水面，如图 2-27a 所示。第二次冒泡过程和第一次冒泡完全相同，比较次数也可以是 63 次（其实只需要 62 次），

N = 6		比较 1	比较 2	比较 3	比较 4	比较 5
e1	7	7	7	7	7	234
e2	3	3	3	3	234	7
e3	0	0	0	234	3	3
e4	81	81	234	0	0	0
e5	16	234	81	81	81	81
e6	234	16	16	16	16	16

a）第一次冒泡排序（比较 5 次）

N = 6		比较 1	比较 2	比较 3	比较 4	比较 5
e1	234	234	234	234	234	234
e2	7	7	7	7	81	81
e3	3	3	3	81	7	7
e4	0	0	81	3	3	3
e5	81	81	0	0	0	0
e6	16	16	16	16	16	16

b）第二次冒泡排序（比较 5 次）

（多余比较）

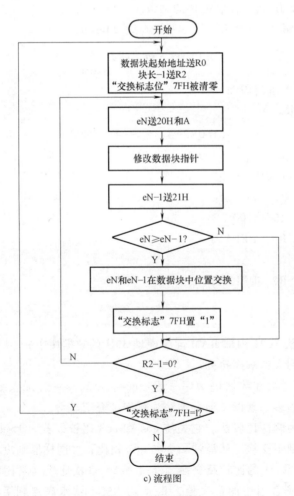

c）流程图

图 2-27　冒泡程序

冒泡后可以在 e2 位置上得到次最大值，如图 2-27b 所示。如此冒泡共 63 次（内循环为 63×63 次）便可完成 64 个数的排序。

　　其实，64 个无符号数的数组排序需要冒泡 63 次的机会是很少的，每次冒泡所需的比较次数，也是从 63 逐次减少。为了禁止那些不必要的冒泡次数，人们常常设置一个"交换标志位"。"交换标志位"用来控制是否需要再冒泡：若"交换标志位"为 1，则表明刚刚进行的冒泡中发生过数据交换（即排序尚未完成），应继续进行冒泡；若"交换标志位"为 0，则表明刚进行完的冒泡中未发生过数据交换（即排序已完成），冒泡应该禁止。例如，对于一个已经排好序的数组：1，2，3，……，63，64，排序程序只要进行一次冒泡便可根据"交换标志位"状态而结束程序的再执行，这自然可以节省 63-1＝62 次的冒泡时间。

```
             ORG    0000H
BUBBLE：MOV    R0, #30H          ; 置数据块指针 R0
        MOV    R2, #64           ; 块长送 R2
        CLR    7FH               ; 交换标志 2FH.7 清零
        DEC    R2                ; 块长-1 为比较次数
BULOOP：MOV    20H, @R0          ; eN 送 20H
        MOV    A, @R0            ; eN 送 A
        INC    R0
        MOV    21H, @R0          ; eN-1 送 21H
        CJNE   A, 21H, LOOP      ; (20H) 和 (21H) 比较
 LOOP：JC     BUNEXT             ; 若 (20H)<(21H)，则 BUNEXT
        MOV    @R0, 20H          ; 若 (20H)≥(21H)，则两者交换
        DEC    R0
        MOV    @R0, 21H
        INC    R0                ; 恢复数据块指针
        SETB   7FH               ; 置"1"交换标志位
BUNEXT：DJNZ   R2, BULOOP        ; 若一次冒泡未完，则 BULOOP
        JB     7FH, BUBBLE       ; 若交换标志位为 1，则 BUBBLE
        SJMP   $                 ; 结束
        END
```

4. 子程序设计方法

　　子程序是一种能完成某一特定任务的程序段。其资源要为所有调用程序共享。子程序设计时应注意以下问题：

　　1）子程序的第一条指令的地址称为子程序的入口地址，该指令前必须有标号。

　　2）主程序调用子程序是通过安排在主程序中的调用指令来实现的，子程序返回主程序必须执行安排在子程序末尾一条 RET 返回指令，它的功能是把压入堆栈中的断点地址弹出送入 PC 指针中，从而实现子程序返回主程序断点处继续执行主程序。

　　3）注意设置堆栈指针和现场保护，因调用子程序时，要把断点压入堆栈，子程序返回执行 RET 指令时再把断点弹出堆栈送入 PC 指针，因此子程序结构中必须用堆栈。在子程序运行时，首先要保护现场，通常由堆栈来完成。在子程序的开始，安排压入堆栈指令

PUSH，将要保护的内容压入堆栈，在子程序最后的 RET 指令前，则设置出栈指令 POP，将这些保护的内容弹出堆栈，送回原来的单元，即恢复现场。

4）子程序可以嵌套，即主程序可以调用子程序，子程序又可以调用另外的子程序。

子程序的基本结构

```
MAIN：      ⋮                ；MAIN 为主程序或调用程序标号
         LCALL   SUB          ；调用子程序 SUB
            ⋮
  SUB：PUSH   PSW             ；现场保护
       PUSH   A
       子程序处理程序段
       POP    A               ；现场恢复，注意要先进后出
       POP    PSW
       RET                    ；最后一条指令必须为 RET
```

例 2-28　设 MDA 和 MDB 内有两数 a 和 b，请编写求 $c = a^2 + b^2$ 并把 c 送入 MDC 的程序。设 a 和 b 皆为小于 10 的整数。

解：本程序由两部分组成：主程序和子程序。主程序通过累加器 A 传送子程序的入口参数 a 或 b，子程序也通过累加器 A 传送出口参数 a^2 或 b^2 给主程序，该子程序为求二次方的通用子程序。

```
          ORG   0000H
MDA       DATA  20H
MDB       DATA  21H
MDC       DATA  22H
          MOV  A, MDA        ；入口参数 a 送 A
          ACALL  SQR         ；求 a²
          MOV  R1, A         ；a² 送 R1
          MOV  A, MDB        ；入口参数 b 送 A
          ACALL  SQR         ；求 a²
          ADD  A, R1         ；a²+b² 送 A
          MOV  MDC, A        ；存入 MDC
          SJMP   $           ；结束
   SQR：ADD  A, #01H         ；地址调整
        MOVC  A, @A+PC       ；查二次方表
        RET                  ；返回
SQRTAB：DB  0, 1, 4, 9, 16
        DB  25, 36, 49, 64, 81
        END
```

本 章 总 结

指令系统是计算机可执行命令的集合，是程序设计的基础。本章主要介绍 MCS-51 单片

机的指令系统。熟悉和掌握指令系统对于单片机的汇编语言程序设计是十分重要的。

　　MCS-51 单片机具有功能强大的指令系统，根据功能可分为：数据传送指令、算术运算指令、逻辑运算指令、移位操作指令、控制转移指令和位操作指令。

　　寻址方式是寻找操作数或操作数地址的方式。要正确理解指令的功能一定要分析指令中操作数是如何获取的，也就是要清楚寻址方式。MCS-51 单片机支持多种寻址方式，分别是：寄存器寻址、立即寻址、直接寻址、寄存器间接寻址、变址寻址、相对寻址和位寻址。要注意区分不同寻址方式的区别，特别是要区分寄存器寻址和寄存器间接寻址、直接寻址和立即寻址。

　　数据传送类指令是指令系统中应用最普遍的指令，这类指令是把源地址单元的内容传送目的地址单元中去，而源地址单元内容不变数据传送指令分为内部数据传送指令、外部 RAM 数据传送指令、查表指令、堆栈操作指令等。外部 RAM 数据传送指令只能通过累加器 A 进行，没有两个外部 RAM 单元之间直接传送数据的指令。堆栈操作指令可以将某一直接寻址单元内容入栈，也可以把栈顶单元弹出到某一直接寻址单元，入栈和出栈要遵循"先进后出，后进先出"的存储原则。数据传送类指令中还包含了一种交换指令，能将源地址单元和目的地址单元内容互换。

　　算术运算指令可以完成加、减、乘、除和加 1、减 1 等运算。加、减、乘、除指令影响 PSW 中的标志位 Cy、AC、OV。乘除运算只能通过累加器 A 和 B 寄存器进行。如果是进行 BCD 码运算，在加法指令后面还要紧跟一条十进制调整指令"DA A"，它可以根据运算结果自动进行十进制调整，使结果满足 BCD 码运算规则。

　　逻辑运算和移位指令可以实现包括清零、置 1、取反、逻辑与、逻辑或、逻辑异或等逻辑运算和循环移位操作。逻辑运算是将对应的存储单元按位进行逻辑操作，将结果保存在累加器 A 中或者是某一个直接寻址存储单元中。如果保存结果的直接寻址单元是端口 P0～P3，则为"读—改—写"指令，即：将端口的内容读入 CPU 进行逻辑运算，然后在回写到端口。

　　控制转移类指令是用来控制程序流程的，使用控制转移指令可以实现分支、循环等复杂程序结构，使程序变得巧妙、实用、高效。控制转移指令的特点是修改 PC 的内容，8051 单片机也正是通过修改 PC 的内容来控制程序流程的。8051 的控制转移指令分为无条件转移指令、条件转移指令、子程序调用和返回指令。在使用转移指令和调用指令时要注意转移范围和调用范围。绝对转移和绝对调用的范围是指令下一个存储单元所在的 2KB 空间。长转移和长调用的范围是 64KB 空间。采用相对寻址的转移指令转移范围是 256B。

　　位操作指令又称布尔操作指令，这类指令是对某一个可寻址位进行清零、置 1、取反等操作，或者是根据位的状态进行控制转移。位操作指令采用的是位寻址方式，位寻址的寻址空间分为两部分：一是内部 RAM 中的位寻址区，即内部 RAM 的 20H～2FH 单元，一共是 128 位，位地址是 00H～7FH；二是字节地址能被 8 整除的特殊功能寄存器的可寻址位，共 83 位。

　　程序设计语言结构可分为三大类，即机器语言、汇编语言和高级语言。在目前单片机的开发应用中，经常采用 C 语言和汇编编写程序。

　　汇编应用是面向机器的程序设计语言，对于 CPU 不同的单片机，其汇编语言一般是不同的。在进行汇编语言源程序设计时，必须严格遵循汇编语言的格式和语法规则。

　　汇编语言源程序是由汇编语言语句构成的。汇编语言语句分为两大类：指令性语句和指示性语句。指令性语句一般由标号、操作码、操作数和注释四个字段组成,指示性语句也包括标号、操作码、操作数和注释四个字段。

汇编语言源程序的汇编可分为手工汇编和机器汇编两类。机器汇编可以使用汇编程序中进行汇编或反汇编。

汇编语言源程序具有顺序结构、循环结构、分支结构和子程序四种结构形式。实际的应用程序一般由一个主程序和多个子程序构成,即采用模块化的程序设计方法。

程序设计的原则是尽可能使程序简短和缩短运行时间,设计的关键首先是根据时间问题和所选用的单片机的特点来合理的确定解决问题的算法,然后是将工作任务细分成易于理解和实现的小模块。

在程序设计时,要注意顺序程序、循环程序、分支程序、查表程序和子程序的特点和设计方法。要设计出高质量的程序还需要掌握一定的技巧,通过多读、多看一些实用程序可以积累一定的设计经验。

习　　题

2-1　什么是指令系统? 8051 单片机指令按照功能分为几类?

2-2　什么是寻址方式? 8051 单片机有哪几种寻址方式,各有什么特点?

2-3　指出下列指令的寻址方式,指令中 20H 的含义。

MOV　R1,#20H

MOV　A,20H

MOV　C,20H

MOV　A,@R1

MOV　A,R1

MOV　@R1,A

LOOP:MOV　DPTR,#0020H

MOVX　A,@DPTR

MOVC　A,@A+PC

SJMP　LOOP

2-4　写出能完成下列数据传送的指令:

(1)R1 中的内容传送到 R0。

(2)内部 RAM 20H 单元中的内容送到 30H 单元。

(3)外部 RAM 0020H 单元中的内容送到内部 RAM 20H 单元。

(4)外部 RAM 2000H 单元中的内容送到内部 RAM 20H 单元。

(5)外部 ROM 2000H 单元中的内容送到外部 RAM 的 3000H 单元。

2-5　试编出把外部 RAM 的 2050H 单元中的内容与 2060H 单元中的内容相交换的程序。

2-6　已知(20H)= X,(21H)= Y,(22H)= Z。请用图示说明下列程序执行后堆栈中的内容是什么?

(1)MOV　SP,#70H　　(2)MOV　SP,#60H

　　　PUSH　20H　　　　　　PUSH　22H

　　　PUSH　21H　　　　　　PUSH　21H

　　　　PUSH　22H　　　　　　　　　PUSH　20H

2-7　已知 SP＝73H，（71H）＝ X，（72H）＝ Y，（73H）＝ Z。试问执行下列程序后 20H、21H 和 22H 单元中的内容是什么？并用图示说明堆栈指针 SP 的指向和堆栈中数据的变化。

（1）POP　20H　　　　　　　（2）POP　22H
　　　POP　21H　　　　　　　　　　POP　21H
　　　POP　22H　　　　　　　　　　POP　20H

2-8　试问如下程序执行后累加器 A 和 PSW 中的内容是什么？

（1）MOV　A，#0FEH　　　（2）MOV　A，#92H
　　　ADD　A，#0FEH　　　　　　ADD　A，#0A4H

2-9　已知 A＝7AH，R0＝30H，（30H）＝ A5H，PSW＝80H。试问如下指令执行后的结果是什么？

（1）ADDC　A，30H　　　　（2）SUBB　A，30H
　　　INC　30H　　　　　　　　　INC　A

（3）SUBB　A，#30H　　　　（4）SUBB　A，R0
　　　DEC　R0　　　　　　　　　　DEC　30H

2-10　已知内部 RAM 的 M1、M2 和 M3 单元中有无符号数 X1、X2 和 X3。试编一程序令其相加，并把和存入 R0 和 R1（R0 中为高 8 位）中。

2-11　已知 A＝7AH，Cy＝1，试指出 8031 执行下列程序的最终结果。

（1）MOV　A，#0FH　　　　（2）MOV　A，#0BBH
　　　CPL　A　　　　　　　　　　CPL　A
　　　MOV　30H，#00H　　　　　RR　A
　　　ORL　30H，#0ABH　　　　　MOV　40H，#0AAH
　　　RL　A　　　　　　　　　　ORL　A，40H

（3）ANL　A，#0FFH　　　　（4）ORL　A，#0FH
　　　MOV　30H，A　　　　　　　SWAP　A
　　　XRL　A，30H　　　　　　　RRC　A
　　　RLC　A　　　　　　　　　　XRL　A，#0FH
　　　SWAP　A　　　　　　　　　ANL　A，#0F0H

2-12　试编写能完成如下操作的程序：

（1）使 20H 单元中数的高两位变"0"，其余位不变。
（2）使 20H 单元中数的高两位变"1"，其余位不变。
（3）使 20H 单元中数的高两位变反，其余位不变。
（4）使 20H 单元中数的所有位变反。

2-13　已知 X 和 Y 皆为 8 位无符号二进制数，分别在外部 RAM 的 1234H 和 1235H 单元。试编写能完成如下操作 Z＝5X-2Y 并把操作结果（设 Z＜255）送入内部 RAM 20H 单元的程序。

2-14　试编写当累加器 A 中的内容分别满足下列条件时都能转到 LABEL（条件不满足时停机）处执行的程序。

（1）A≥0CH　　　（2）A＞0CH　　　（3）A≤0CH　　　（4）A＜0CH

2-15　利用减 1 条件转移指令把外部 RAM 起始地址为 DATA1 的数据块（数据块长度为 20）传送到内部 RAM 起始地址为 30H 的存储区。请编写相应程序。

2-16　已知 SP＝70H，PC＝2345H。试问 8031 执行调用指令 LCALL 3456H 后堆栈指针和堆栈中的内容是什么？此时机器调用何处的子程序？

2-17　在题 2-16 中，当 8031 执行完子程序末尾一条 RET 返回指令时，堆栈指针 SP 和程序计数器 PC 变为多少？71H 和 72H 单元中的内容是什么？它们是否属于堆栈中的数据？为什么？

2-18　用于程序设计的语言分为哪几种？它们各有什么特点？

2-19　试编写程序完成将片内 RAM 从 30H 地址开始的 10 个数据，全部搬迁到片外 RAM 的 2000H 开始单元中，并将源数据块区全部清零。

2-20　已知从内部 RAM BLOCK 单元开始存放有一组带符号数，数的个数存放在 LEN 单元。请编写可以统计其中正数和负数个数并分别存入 NUM 和 NUM+1 单元的程序。

2-21　已知 VAR 单元内有一自变量 X，请按如下条件编出求函数值 Y 并将它存放入 FUNC 单元的程序。

$$Y = \begin{cases} 1 & X>0 \\ 0 & X=0 \\ -1 & X<0 \end{cases}$$

2-22　已知从外部 RAM 的 2000H 开始有一个数据输入缓冲区，该缓冲区中的数据以回车符 CR（ASCII 码为 0DH）为结束标志，试编写一个程序能把正数送入从 30H（片内 RAM）开始的正数区，并把负数送入 40H 开始的负数区。

2-23　从外部 RAM 的 SOUCE（二进制 8 位）开始有一数据块，该数据块以 $ 字符结尾。请编写程序，把它们传送到以内部 RAM 的 DIST 为起始地址的区域（$ 字符也要传送）。

2-24　片内 RAM 40H 开始的单元内有 10 个二进制数，编程找出其中最大值并存于 50H 单元中。

第3章

并行I/O口结构及应用

本章学习任务：

- 掌握并行 I/O 口的结构。
- 掌握 Keil 和 Proteus 的应用设计。

3.1 并行 I/O 端口

51 系列单片机有 4 个 8 位并行输入/输出接口：P0、P1、P2 和 P3。这四个接口既可以并行输入或输出 8 位数据，又可以按位使用，即每 1 位均能独立作输入或输出用。每个接口的功能有所不同，但都具有 1 个锁存器（即特殊功能寄存器 P0~P3）、1 个输出驱动器和 2 个三态缓冲器（P3 为 3 个）。

MCS-51 单片机的 4 个 8 位并行 I/O 口，即 P0、P1、P2 和 P3，共 32 根端口线。4 个 I/O 端口都是准双向的并行 I/O 端口，每一条 I/O 引脚都能独立地用作输入或输出，输入时数据可以锁存，输出时数据可以缓冲。P0~P3 是特殊功能寄存器，地址分别为 80H、90H、A0H 和 B0H，既可进行字节寻址也可进行位寻址。因其 4 个 I/O 口的结构不同，其功能和驱动负载的能力也不一样，P1、P2、P3 都能驱动 4 个 LS TTL 门电路，并且驱动 MOS 电路时不需外加电阻。而 P0 口能驱动 8 个 LS TTL 门电路，在驱动 MOS 电路时必须外接上拉电阻。

下面分别介绍各接口的结构、原理和功能。

3.1.1 P0 口结构、功能及操作

1. P0 口结构

P0 口是一个三态双向口，可作为地址/数据分时复用口，也可以作为通用 I/O 接口。P0 口每个引脚的内部电路结构都相同，其内部电路结构原理如图 3-1 所示。

P0 作为通用 I/O 输出时，输出电路时漏极开路电路，必须要外接上拉电阻，保证 P0 口有高电平输出，同时提高驱动能力。

P0 口由 8 个这样的电路组成。锁存器起输出锁存作用，8 个锁存器构成了特殊功能寄存器 P0；场效应晶体管 V1、V2 组成输出驱动器，以增大负载能力；三态门有两个，一个是引脚输入缓冲器，另一个用于读锁存器端口；与门、反相器及模拟转换开关构成了输出控制电路。

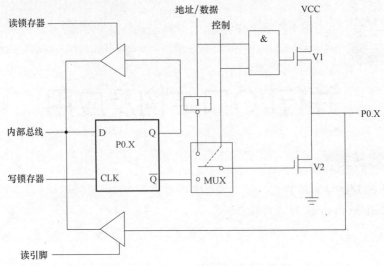

图 3-1　P0 口内部电路结构图（1 位）

2. 地址/数据分时复用功能

51 单片机系统扩展时，没有独立的地址、数据和控制 3 总线，而是采用 I/O 口的第二功能。地址总线为 16 位，P0 作为低 8 位地址总线，P2 口作为高 8 位地址总线。数据总线 8 位，采用 P0 进行传输 8 位数据。

当 P0 口作为地址/数据分时复用总线时，可分为两种情况：一种是从 P0 口输出地址或数据，另一种是从 P0 口输入数据。

在访问片外数据存储器而需从 P0 口输出地址或数据信号时，控制信号应为高电平"1"，通过转换开关 MUX 把反相器的输出端与 V2 接通，同时把与门打开。当地址或数据为"1"时，经反相器反向使 V2 截止，而经过与门使 V1 导通，P0. X 引脚上出现相应的高电平"1"；当地址或数据为"0"时，经反相器反向使 V2 导通而 V1 截止，引脚上出现相应的低电平"0"。这样即可将地址/数据的信号输出。

在访问片外数据存储器而需从 P0 输入数据信号时，引脚信息通过"读引脚"缓存器进入内部总线。

3. 通用 I/O 接口功能

当 P0 口作为通用 I/O 口使用，在 CPU 向端口输出数据时，对应的控制信号为 0，转换开关把输出级与锁存器 Q 端接通，同时因与门输出为 0 使 V1 截止，此时，输出级是漏级开路电路。当写脉冲加在锁存器时钟端 CLK 上时，与内部总线相连的 D 端数据取反后出现 Q 端，又经 V2 反向，在 P0 引脚上出现的数据正好是内部总线的数据。当要从 P0 口输入数据时，引脚信息仍经输入缓冲器进入内部总线。

当 P0 口作为通用 I/O 接口时，要注意以下两点：

1）在输出数据时，由于 V1 截止，输出级是漏级开路电路，要使"1"信号正常输出，必须外接上拉电阻。

2）P0 口作为通用 I/O 口使用时，是准双向口。其特点是在输入数据时，应先把口置 1（写 1），此时锁存器的 Q 端为 0，使输出级的两个场效应晶体管 V1、V2 均截止，引脚处于悬浮状态，才可作为高阻输入。因为从 P0 口引脚输入数据时，V1 一直处于截止状态，引脚上的外部信号既加在三态缓冲器的输入端，又加在 V2 的漏级。假定在此之前曾输出锁存过数据 0，则 V2 是导通的，这样引脚上的电位就始终被钳位在低电平，使输入高电平无法读入，因此，在输入数据时，人为的先向口写 1，使 V1、V2 截止，方可高阻输入。所以说，P0 口作为通用 I/O 口使用时，是准双向口。但在 P0 用作地址/数据分时复用功能连接外部存储器时，由于访问外部存储器期间，CPU 会自动向 P0 口的锁存器写入 0FFH，因此对用户而言，P0 口此时是真正的三态双向口。

4. 端口操作

51 单片机有不少指令可直接进行端口操作，例如：

ANL	P0，A	；（P0）←（P0）∧（A）
ORL	P0，#date	；（P0）←（P0）∨ date
DEC	P0	；（P0）←（P0）-1

这些指令的执行过程分成"读—修改—写"三步：先将 P0 口的数据读入 CPU，在 ALU 中进行运算，运算结果再送回 P0。执行"读—修改—写"类指令时，CPU 是通过三态门"读回锁存器"读回锁存器 Q 端的数据来代表引脚状态的。如果直接通过三态门"读引脚"从引脚读回数据，则有时会发生错误。例如，用 1 根口线去驱动一个晶体管的基极，当向此口线输出 1 时，锁存器 Q＝1，V1 导通驱动晶体管。当晶体管导通后，引脚上的电平被拉到低电平（0.7V），因而，若从引脚读回数据，原为 1 的状态则会读错为 0。所以，要从锁存器 Q 端读取数据。综上所述，P0 口在有外部扩展存储器时被作为地址/数据总线口，此时是一个真正的双向口；在没有外部扩展存储器时，P0 口也可作为通用的 I/O 接口，但此时正是一个准双向口。另外，P0 口的输出级具有驱动 8 个 LSTTL 负载的能力，即输出电流不小于 800μA。

3.1.2 P1 口结构、功能及操作

P1 口为准双向口，其 1 位的内部电路结构如图 3-2 所示。它在结构上与 P0 口的区别在于输出驱动部分。其输出驱动部分由场效应晶体管 V 与内部上拉电阻组成。当其某位输出高电平时，可以提供拉电流负载，不必像 P0 口那样需要外接电阻。P1 口只有通用 I/O 接口一种功能（对于 51 子系列），其输入输出原理特性与 P0 口作为 I/O 通用接口使用一样。P1 口具有驱动 4 个 LSTTL 负载的能力。

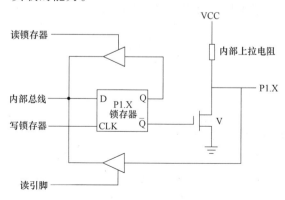

图 3-2 P1 口内部电路结构图（1 位）

3.1.3　P2 口结构、功能及操作

P2 口也是准双向口，其 1 位的内部电路结构如图 3-3 所示。它具有通用的 I/O 接口或高 8 位地址总线输出功能，所以其输出驱动结构比 P1 口输出驱动结构多了一个模拟转换开关 MUX 和反相器。

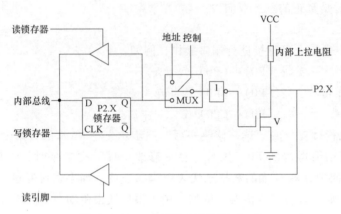

图 3-3　P2 口内部电路结构图（1 位）

当作为准双向通用 I/O 口使用时，控制信号使转换开关接向左侧，锁存器 Q 端经反相器接 V，其工作原理与 P1 口相同，也具有输入、输出、端口操作三种工作方式，负载能力也与 P1 口相同。

当作为外部扩展存储器的高 8 位地址总线使用时，控制信号使转换开关接向右侧，由程序计数器 PC 来的高 8 位地址 PCH 或数据指针 DPTR 来的高 8 位地址 DPH 经反相器和 V 原样呈现在 P2 口的引脚上，输出高 8 位地址 A8~A15。在上述情况下，锁存器的内容不受影响，所以，取址或访问外部存储器结束后，由于转换开关又接至左侧，使输出驱动器与锁存器 Q 端相连，因而引脚上将恢复原来的数据。

3.1.4　P3 口结构、功能及操作

P3 口的 1 位电路结构如图 3-4 所示。其输出驱动由与非门、V 组成，比 P0、P1、P2 口多了一个缓冲器。P3 口除了可作为通用准双向 I/O 接口外，每一根口线还具有第二功能。

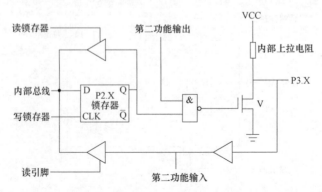

图 3-4　P3 口内部电路结构图（1 位）

　　当 P3 口作为通用 I/O 接口时，第二功能输出为高电平，与非门的输出取决于口锁存器的状态。在这种情况下，P3 口仍是一个准双向口，它的工作方式、负载能力均与 P1、P2 口相同。

　　当 P3 口作为第二功能（又称复用功能）使用时，实际上也是在该端口输入或输出信号，只不过输入、输出的是一些特殊功能的信号。所以当 P3 口作为第二功能使用时，其锁存器 Q 端必须为高电平，否则 V 导通，引脚将被钳位在低电平，无法输入或输出第二功能信号。当 Q 端高电平，P3 口的口线状态就取决于第二功能输出线的状态。单片机复位时，锁存器输出端为高电平。P3 口的引脚信号输入通道中有 2 个缓冲器，第二功能输入信号 RXD、$\overline{\text{INT0}}$、$\overline{\text{INT1}}$、T0 和 T1 经第二个缓冲器输入，通用输入信号仍经读引脚缓冲器输入。

3.2　并行 I/O 口应用设计

3.2.1　设计要求

　　跑马灯设计：P1 口接八个发光二极管，设计程序，循环点亮八盏灯。

3.2.2　系统分析

　　根据设计要求分析，系统所需元器件：单片机 AT89C51、瓷片电容 CAP 30pF、晶振 CRYSTAL 12MHz、电阻 RES、发光二极管 LED-BIBY。

3.2.3　Proteus 7.8 硬件设计

　　Proteus 软件是由英国 Lab Center Electronics 公司开发的 EDA 工具软件。从 1989 问世至今已有近 30 年的历史，在全球得到广泛的使用。Proteus 软件除具有和其他 EDA 软件一样的原理编辑、数字电路、模/数混合的电路的设计与仿真平台，更是目前世界上最先进、最完整的多种型号微处理系统的设计与仿真、系统测试与功能验证到形成印制电路板的完整电子设计、研发过程。Proteus 软件由 ISIS（Intelligent Schematic Input System）和 ARES（Advanced Routing and Editing Software）两个软件构成，其中 ISIS 是一款智能电路原理图输入系统软件，可作为电子系统仿真平台；ARES 是一款高级布线编辑软件，用于制作印制电路板（PCB）。安装 Proteus 软件时，对计算机的配置要求如下：①CPU 的频率为 200MHz 及以上；②操作系统为 Windows98/ME/2000/XP 或更高版本；③硬盘空间不小于 64MB；④内存 RAM 不小于 64MB。

1. 进入 ProteusISIS

　　双击桌面上的 ISIS 7 Professional 图标或者单击屏幕左下方的"开始"→"程序"→"Proteus 7 Professional"→"ISIS 7 Professional"，出现如图 3-5 所示界面，表明进入 Proteus ISIS 集成环境。

2. 工作界面

　　Proteus ISIS 的工作界面是一种标准的 Windows 界面，如图 3-6 所示，包括：标题栏、主菜单、标准工具栏、绘图工具栏、状态栏、对象选择按钮、预览对象方位控制按钮、仿真

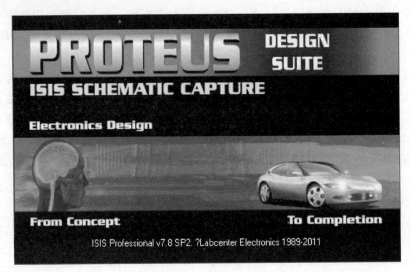

图 3-5　启动时的屏幕

进程控制按钮、预览窗口、对象选择器窗口、图形编辑窗口等。

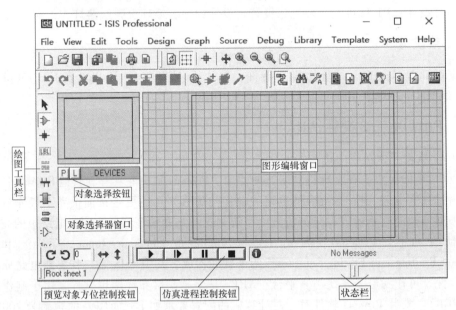

图 3-6　proteus 工作界面

3. 新建设计文件

单击菜单 "File"→"New Design"，弹出如图 3-7 所示的图纸模板选择窗口。选中 "DE-FAULT"，再单击 "OK"，则新建了一个 DEFAULT 模板。

执行菜单命令 "File"→"Save Design"。在弹出的对话框中，选择保存目录 F:\ dpj \ light \ proteus，并保存文件名为 "跑马灯 . dsn"，如图 3-8 所示。

4. 设定图的大小

执行菜单命令 "System"→"Set Sheet Size"，在弹出的 "Sheet Size Configura…" 对话框中选择 "A4" 选项，单击 "OK" 按钮完成图纸的设置。

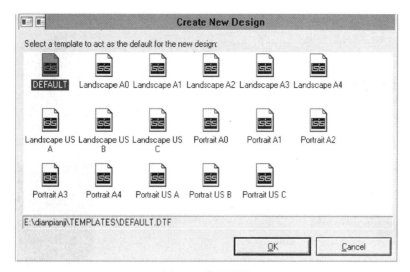

图 3-7　模板选择

图 3-8　文件保存显示

5．添加元器件

本例中系统所使用的元器件如下：单片机：AT89C51、晶振：CRYSTAL 12MHz、电阻：RES（100Ω，10kΩ）、瓷片电容：CAP 30pF、电解电容 CAP-ELEC 1μF、按钮 BUTTON、发光二极管 LED-BIBY。在器件选择按钮中单击"P"按钮，或执行菜单命令"Library"→"Pick Device/Symbol"弹出如图 3-9 所示的对话框。

在关键字中输入元件名称，如 AT89C51，则出现与关键字匹配的元件列表，如图 3-9 所示，选中并双击 AT89C51 所在行后，单击"OK"按钮或按 Enter 键，便将器件 AT89C51 加入到 ISIS 对象选择器中。按照以上方法将元件添加到 ISIS 对象选择器中。

6．放置及编辑对象

将元件添加到 ISIS 对象选择器，在对象选择器中，单击要放置的元件，蓝色条出现在

图 3-9　Pick Devices 对话框

该元件名上，再在原理图编辑窗口中单击就放置了一个元件。也可以在按住鼠标左键的同时，移动鼠标，在合适位置释放左键，将元件放置在预定位置。这时鼠标右键单击元器件，即可编辑元器件，可以移动、旋转、删除，就可将各元件放置在合适位置上。

7. 放置电源、地

单击工具箱中的"⊟"图标，在对象选择器中单击"POWER"，再在原理图编辑窗口合适位置单击鼠标就将"电源"放置在原理图中。同样操作，也可将"地"放置在原理图中。

8. 布线

在 ISIS 中系统默认自动布线有效，因此可直接画线。

（1）在两个对象之间连线　将光标靠近一个对象的引脚，该处会出现一个光点，左键单击，拖动鼠标，放在另一个对象的引脚末端，此时也会出现一个光点，再单击就可以完成一个连线了。默认情况下，连线都是与网格线垂直或者平行的，在拖动鼠标过程中，按住 Ctrl 键就可以手动画一条任意角度的连线。

（2）移动画线、更改线型　单击鼠标左键选中连线，将指针靠近该画线，当出现双箭头时就可以按住鼠标左键拖动鼠标改变线的位置。也可以框选多根线拖动。

（3）总线及支线的画法　单击工具箱中的"┱"图标，此时在原理图编辑区就可以画出总线了，然后将元器件相应引脚与总线连线就可以了。此时通过总线连接的引脚实际上并没有连接在一起，必须要对各引脚进行标注，单击工具箱中的图标，再在各个分支线上单击，将出现如图 3-10 所示的对话框，键

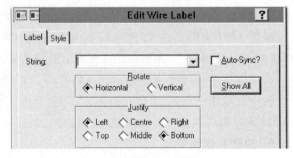

图 3-10　标注对话框

入线路标号，然后在另一个要与之对应连接分支线上标志相同的线路标号，此时两个引脚才实际连接在一起。

9. 设置、修改元器件

在需要修改的元件上左键双击鼠标，出现如图 3-11 所示的对话框，在此对话框设置元器件属性。

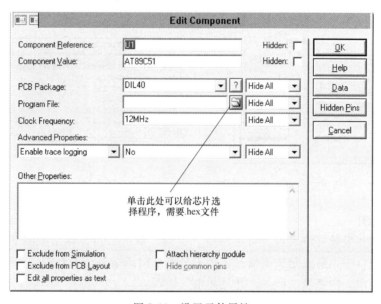

图 3-11　设置元件属性

连接好的电路设计图如图 3-12 所示。

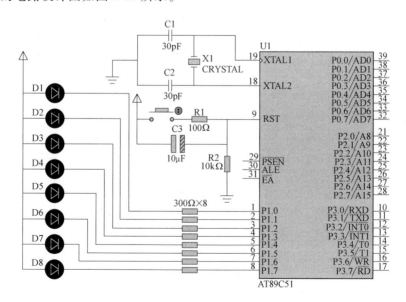

图 3-12　跑马灯硬件电路设计图

10. 建立网络表

网络表就是一个设计中有电气连接的电路，执行菜单命令"Tools"→"Netlist Compiler"，弹出如图 3-13 所示的对话框，在此对话框中，可以设置网络表的输出形式、模式、范围、深度和格式等，然后单击"OK"输出如图 3-14 所示的内容。

图 3-13　网络表设置对话框

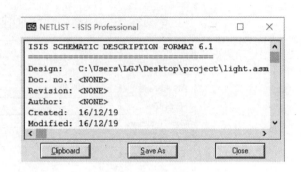

图 3-14　输出网络表内容

11. 电气检测

画出电路图并生成网络表后，可进行电气检测。单击按钮，弹出如图 3-15 所示的电气检测窗口。此窗口中，前面是文本信息，接下来就是检测结果；若有错，会有详细说明。从窗口内容可以看出，网络表已产生，并且无电气错误。

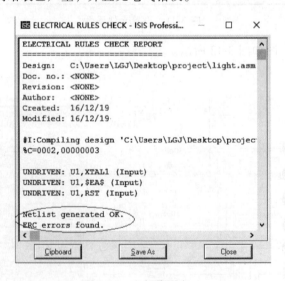

图 3-15　电气检测窗口

12. 存盘及输出报表

此时保存设计，生成 BOM 文档。至此一个简单的原理图设计就完成了。接下来就可以将由 Keil 生成的 .hex 文件下载到单片机中进行仿真了。方法如下：按鼠标左键点击AT89C51，弹出如图 3-16 所示程序文件调用图，在 Program File 调入前面编译的文件test.hex，即可仿真。

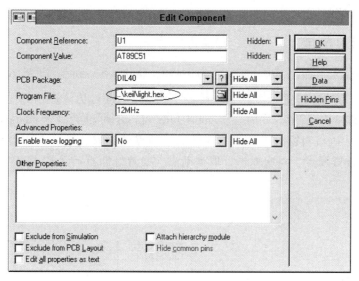

图 3-16 程序文件调用图

3.2.4 Keil C51 软件设计

（1）程序流程图设计 程序流程图设计如图 3-17 所示。

（2）源程序设计

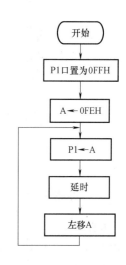

图 3-17 跑马灯程序流程图

```
        ORG    0000H
        MOV    P1，#0FFH
        MOV    A，#0FEH
 LOOP： MOV    P1，A
        LCALL   DELAY
        RL  A
        SJMP   LOOP
 DELAY：MOV    R7，#0FFH
DELAY2：MOV    R6，#0FFH
        DJNZ    R6，$
        DJNZ    R7，DELAY2
        RET
        END
```

（3）在 Keil 中调试与仿真 创建"跑马灯"项目，并选择单片机型号为 AT89C51。汇编源程序，保存为"跑马灯.ASM"。将源程序"跑马灯.ASM"添加到项目中。编译源程序，并创建了"跑马灯.HEX"。

3.2.5 在 Keil 和 Proteus 联调

如图 2-10b 所示，选择"Proteus VSM Monitor-51 Driver"。在已绘制好的原理图的 Proteus ISIS 菜单中，执行菜单命令"Debug"→"Use Remote Debug Monitor"。此时，keil 和

Proteus 就可以联合调试了。

3.2.6　系统仿真测试

在 Keil 中执行菜单命令"Debug"→"Start/Stop Debug Session"，进入 Keil 调试环境。按鼠标左键点击左下方按钮 ▶ ▶ ▮▮ ▮ 即可进行仿真，八只发光二极管循环发亮，仿真结果如图 3-18 所示。同时在 Proteus ISIS 窗口中可以看到 Proteus 也进入了程序调试状态。在 Keil 代码编辑窗口中设置相应断点，断点的设置方法：在需要设置断点语句的空白处双击，可设置断点，再次双击，取消断点。设置好断点后，在 Keil 中按下 F5 键或者 F11 键运行程序。

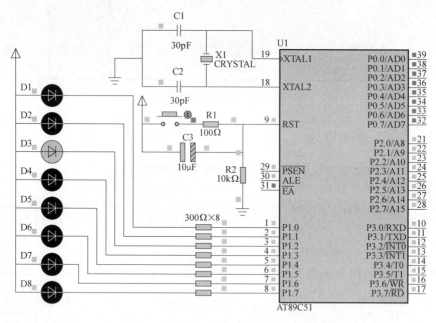

图 3-18　运行结果图

3.2.7　实物制作

仿真结束后，可按原理图制作 PCB 图，由电路板厂加工生产 PCB，把相关元器件焊接在 PCB 上，把由 Keil 生成的 .hex 文件编程到单片机 AT89C51 中，接上 5V 电源，一个简单的单片机应用系统就设计成功了。

本　章　总　结

P0 口的特点如下：

1）P0 口是一个双功能的端口：地址/数据分时复用口和通用 I/O 口。

2）具有高电平、低电平和高阻抗 3 种状态的 I/O 端口称为双向 I/O 端口。P0 口作地址/数据总线复用口时，相当于一个真正的双向 I/O 口。而用作通用 I/O 口时，由于地址、数据总线复用口时，相当于一个真正的双向 I/O 口。而用作通用 I/O 口时，由于引脚上需要外接上拉电阻，端口不存在高阻（悬空）状态，此时 P0 口只是一个准双向口。

3）为保证引脚上的信号能正确读入，在读入操作前应首先向 SFRP0 写入 FFH。

4）单片机复位后 SFRP0 的值为 FFH。

5）一般情况下，如果 P0 口已作为地址/数据复用口时，就不能再用 I/O 口使用。

6）P0 口能驱动 8 个 TTL 负载。

P1 口的特点如下：

1）P1 口由于有内部上拉电阻，没有高阻抗输入状态，所以称为准双向口。作为输出口时，不需要再在片外接上拉电阻。

2）P1 口读引脚输入时，必须先向 SFRP1 写入 FFH。

3）P1 口能驱动 4 个 TTL 负载。

P2 口的特点如下：

1）用作高 8 位地址输出线应用时，与 P0 口输出的低 8 位地址一起构成 16 位的地址总线，可以寻址 64KB 地址空间。

2）作为通用 I/O 使用时，P2 口为准双向口。

3）P2 口能驱动 4 个 TTL 负载。

P3 口的特点如下：

1）P3 口内部有上拉电阻，不存在高阻输入状态，是一个准双向口。

2）P3 口作第二功能的输出/输入或通用输入时，必须先向 SFRP3 写入 FFH。实际应用中，由于复位后 SFRP3 的值为 FFH，已满足第二功能运作条件，所以可以直接进行第二功能操作。

3）P3 口的某位不作为第二功能使用时，则自动处于通用输出/输入口功能，可作为通用输出/输入口使用。

4）P3 口能驱动 4 个 TTL 负载。

习　　题

3-1　MCS-51 单片机的 4 个 I/O 端口各有什么特点？在使用时应注意哪些事项？

3-2　单片机和片外 RAM/ROM 连接时，P0 和 P2 口各传输什么信号？为什么 P0 口需要外接地址锁存器？

3-3　P2 口接 8 个发光二极管，设计程序，先点亮 L1、L2，过一段时间依次点亮 L3 和 L4、L5 和 L6、L7 和 L8。

第4章

定时器/计数器的结构及应用

本章学习任务：

- 了解定时器/计数器的结构与工作原理。
- 掌握定时器/计数器的四种工作方式的特点及应用。

定时器/计数器是 51 单片机的重要功能模块之一。在检测、控制及智能仪表等应用中，常用定时器作实时来实现定时检测、定时控制；还可以定时器产生毫秒宽的脉冲，来驱动步进电动机一类的电器机械。计数器主要用于外部事件的计数。定时器和计数器区别如表 4-1 所示。

表 4-1　定时器与计数器的区别

	定时器	计数器
时钟源	内部时钟脉冲	外部输入引脚 T0 或 T1
计数方式	每个机器周期产生一个脉冲使计数器增 1	当 T0(P3.4)和 T1(P3.5)产生负跳变时,计数器值增 1

对于定时器/计数器来说，不管是独立的定时器芯片还是单片机内部的定时器，大都有以下特点：

1）定时器/计数器有多种方式，可以是计数方式，也可以是定时方式。

2）定时器/计数器的计算值是可变的，当然计数的最大值是有限的，这取决于计数器的位数。计数的最大值也就限定了定时的最大值。

3）在到达设定的定时或计数值 TF0、TF1 由硬件置 1，以便实现定时控制。

在控制系统中，常常要求有一些定时或延时控制，如定时输出、定时检测和定时扫描等；也往往要求有计数功能，能对外部事件进行计数。

要实现上述功能，一般可用下面 3 种方法。

1）软件定时：让 CPU 循环执行一段程序，以实现软件定时。但软件定时占用了 CPU 时间，降低了 CPU 的利用率，因此软件定时的时间不宜太长。

2）硬件定时：采用时基电路（例如 555 定时芯片），外接必要的元器件（电阻和电容），即可构成硬件定时电路。这种定时电路在硬件连接好以后，定时值与定时范围不能由软件进行控制和修改，即不可编程。

3）可编程的定时器：这种定时器的定时值及定时范围可以很容易地用软件来确定和修改，因而功能强，使用灵活，例如 8253 可编程芯片。

MCS-51 系列单片机的硬件上集成有 16 位的可编程定时/计数器。MCS-51 子系列单片机有两个定时/计数器，即定时/计数器 0 和 1，简称 T0 和 T1。

4.1　定时器/计数器的结构及功能

定时器/计数器的结构如图 4-1 所示，定时器/计数器 T0 由 TH0 和 TL0 构成，T1 由 TH1 和 TL1 构成。TMOD（定时器方式寄存器）用于控制和确定各定时器/计数器的功能和工作模式。TCON 用于控制定时器/计数器 T0、T1 启动和停止计数，同时包含定时器/计数器的状态。它们属于特殊功能寄存器，这些寄存器的内容靠软件设计。系统复位时，寄存器的所有位都被清零。

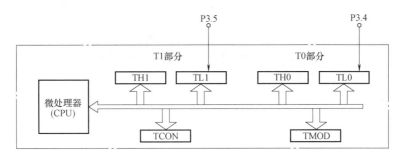

图 4-1　定时器/计数器结构图

定时器/计数器 T0、T1 都是加法计数器，每输入一个脉冲，计数器加 1，当加到计数器为全 1 时，再输入一个脉冲，就使计数器发生溢出。溢出时，计数器回零，并置位 TCON（定时器控制寄存器）中的 TF0 或 TF1，以表示定时时间已到或计数值已满。

T0 和 T1 都具有定时和计数两种功能。在 TMOD 中，有一个控制位（C/$\overline{\text{T}}$），分别用于选择 T0 和 T1 是工作在定时器方式，还是计数器方式。

（1）计数功能　所谓计数，是对外部事件进行计数。当选择计数器方式时，计数脉冲来自相应的外部输入引脚 T0（P3.4）或 T1（P3.5）。计数功能可用于对零件和产品计数、对大桥和高速公路上车流量的统计等。

当输入信号发生由 1 至 0 的负跳变时，计数器（T0 或 T1）的值增 1。每个机器周期中采样值为 1，而在下一个周期中采样值为 0，则在紧跟着的再下一个周期的 S3P1 期间，计数值就加 1。由于确认下一次跳变要用 2 个机器周期，即 24 个时钟周期，因此，外部输入的计数脉冲的最高频率为振荡频率的 1/24。对外部输入信号的占空比并没有什么限制，但为了确保某一给定的电平在变化之前被采样一次，则这一电平至少要保持一个机器周期。故对输入信号的基本要求如图 4-2 所示，图中，T_{cy} 为机器周期。

计数脉冲个数 = 溢出值 - 计数初值，上述关系如图 4-3 所示。

（2）定时功能　T0、T1 的定时功能也是通过计数实现的。当选择定时器方式时，计数脉冲来自于内部时钟脉冲，每个机器周期使计数器的值加 1。每个机器周期等于 12 个时钟周期，故计数速率为振荡频率的 1/12。当采用 6MHz 晶体时，计数速率为 2MHz，即 2μs 计数器加 1。计数值乘以单片机的机器周期就是定时时间。定时功能可用于比赛计时、对被监测点定时采样、延时子程序。

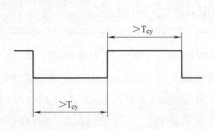

图 4-2　对输入脉冲宽度的要求

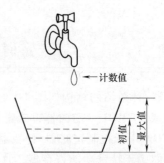

图 4-3　计数脉冲个数和初值、最大值的关系

4.2　定时器/计数器的控制

1. 定时器方式寄存器 TMOD

定时器方式寄存器 TMOD 的作用是设置 T0、T1 的工作方式。TMOD 的格式如图 4-4 所示。

TMOD (89H)	D7	D6	D5	D4	D3	D2	D1	D0
	GATE	$C/\overline{T}$	M1	M0	GATE	$C/\overline{T}$	M1	M0
	定时器T1				定时器T0			

图 4-4　定时器方式控制寄存器 TMOD 格式

各位功能说明如下：

1）GATE：门控位。

GATE = 0：软件启动定时器，即用指令使 TCON 中的 TR1（TR0）置 1 即可启动定时器 1 或定时器 0。

GATE = 1：软件和硬件共同启动定时器，即用指令使 TCON 中的 TR1（TR0）置 1，只有外部中断$\overline{INT1}$（$\overline{INT0}$）引脚输入高电平时才能启动定时器 1（定时器 0）。

2）$C/\overline{T}$：功能选择位。

$C/\overline{T} = 0$ 时，以定时器方式工作；$C/\overline{T} = 1$ 时，以计数器方式工作。

3）M1、M0：方式选择位。

工作方式选择位的定义如表 4-2 所示。

表 4-2　定时器工作方式选择位定义

M1、M0	工作方式	功能
0　0	方式 0	13 位计数器
0　1	方式 1	16 位计数器
1　0	方式 2	自动重装初值 8 位计数器
1　1	方式 3	T0 为两个 8 位独立计数器,T1 为无中断重装初值 8 位计数器

2. 定时器控制寄存器 TCON

定时器控制寄存器 TCON 的作用是控制定时器的启动和停止，并保存 T0、T1 的溢出和中断标志。TCON 的格式如图 4-5 所示。

TCON	8FH	8EH	8DH	8CH	8BH	8AH	89H	88H
88H	TF1	TR1	TF0	TR0	IE1	IT1	IE0	IT0

图 4-5　定时器控制寄存器 TCON 格式

各位的功能作如下说明：

1）TF1（TCON.7）：定时器/计数器 T1 溢出标志位。当 T1 计数计满溢出时，由硬件自动使 TF1 置 1，并申请中断。对该标志位有两种处理方法，一种是以中断方式工作，即 TF1 置 1 并申请中断，响应中断后，执行中断服务子程序，并由硬件自动使 TF1 清 0；另一种以查询方式工作，即通过查询该位是否为 1 来判断是否溢出，TF1 置 1 后必须用软件使 TF1 清 0。

2）TR1（TCON.6）：定时器/计数器 T1 启停控制位。当 GATE=0 时，用软件使 TR1 置 1 即启动 T1，用软件使 TR1 清 0 则停止 T1。当 GATE=1 时，用软件使 TR1 置 1 的调试外部中断$\overline{INT1}$的引脚输入高电平才能启动 T1。

3）TF0（TCON.5）：定时/计数器 T0 溢出标志位，其功能同 TF1。

4）TR0（TCON.4）：定时/计数器 T0 启停控制位，其功能同 TR1。

5）IE1（TCON.3）：外部中断$\overline{INT1}$请求标志位。

6）IT1（TCON.2）：外部中断$\overline{INT1}$触发方式选择位。

7）IE0（TCON.1）：外部中断$\overline{INT0}$请求标志位。

8）IT0（TCON.0）：外部中断$\overline{INT0}$触发方式选择位。

4.3　定时器/计数器的工作方式

1. 定时器/计数器的初始化

定时器/计数器是一种可编程部件，在使用定时器/计数器前，一般都要对其进行初始化，以确定其以特定的功能工作。初始化的步骤如下：

1）确定定时器/计数器的工作方式，确定方式控制字，并写入 TMOD。

2）预置定时初值或计数初值，根据定时时间或计数次数，计算定时初值或计数初值，并写入 TH0、TL0 或 TH1、TL1。

3）根据需要开放定时器/计数器的中断，给中断允许控制寄存器 IE 中的相关位赋值。

4）启动定时器/计数器，给 TCON 的 TR1 或 TR0 置 1。

2. 定时初值或计数初值的计算方法

不同工作方式的定时初值或计数初值的计算方法如表 4-3 所示。

表 4-3　定时初值或计数初值的计算方法

工作方式	计数位数	最大计数值	最大定时时间	定时初值计算公式	计数初值计算公式
方式 0	13	$2^{13} = 8192$	$T_{计数} \times 2^{13}$	$TC = 2^{13} - t/T_{计数}$	$TC = 2^{13} - 计数值$
方式 1	16	$2^{16} = 65536$	$T_{计数} \times 2^{16}$	$TC = 2^{16} - t/T_{计数}$	$TC = 2^{16} - 计数值$
方式 2、方式 3	8	$2^8 = 256$	$T_{计数} \times 2^8$	$TC = 2^8 - t/T_{计数}$	$TC = 2^8 - 计数值$

3. 四种工作方式

（1）方式 0　在方式 0 时，定时器/计数器按 13 位加 1 计数器工作，这 13 位由 TH 中的高 8 位和 TL 中的低 5 位组成，其中 TL 中的高 3 位弃之不用，如图 4-6 所示。设计这种工作方式主要是为了它能与 MCS-48 单片机定时器/计数器兼容。

在定时器/计数器启动工作前，CPU 先要为它装入方式控制字，以设定其工作方式，然后再为它装入定时器/计数器初值，并通过指令启动其工作。13 位计数器按加 1 计数器计数，计满为零时能自动向 CPU 发出溢出中断请求，但若要它再次计数，CPU 必须在其中断服务程序中为它重装初值。

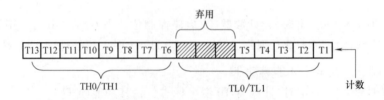

图 4-6　方式 0 时的 TH 和 TL 分配

（2）方式 1　在方式 1 时，定时器/计数器是按 16 位加 1 计数器工作的，该计数器由高 8 位 TH 和低 8 位 TL 组成，如图 4-7 所示。定时器/计数器在方式 1 下的工作情况和方式 0 时相同，只是最大定时/计数值是方式 0 时的 8 倍。

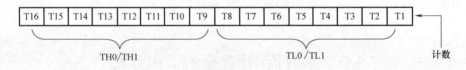

图 4-7　方式 1 时的 TH 和 TL 分配

（3）方式 2　在方式 2 时，定时器/计数器被拆成一个 8 位寄存器 TH（TH0/TH1）和一个 8 位计数器 TL（TL0/TL1），CPU 对它们初始化时必须送相同的定时初值/计数初值。当定时器/计数器启动后，TL 按 8 位加 1 计数器计数，每当它计满回零时，一方面向 CPU 发出溢出中断请求，另一方面从 TH 中重新获得初值并启动计数，如图 4-8 所示。

（4）方式 3　在前三种方式下，T0 和 T1 的功能是完全相同的，但在方式 3 下，T0 和 T1 功能就不相同了。此时，TH0 和 TL0 按两个独立的 8 位计数器工作，T1 只能按不需要中断的方式 2 工作，如图 4-9 所示。

在方式 3 下的 TH0 和 TL1 是有区别的：TL0 可以设定为定时器或计数器模式工作，仍由 TR0 控制启动或停止，并采用 TF0 作为中断标志；TH0 只能按定时器模式工作，它借用 TR1 和 TF1 来控制并存放中断标志。因此，T1 就没有控制位可用了，故 TL1 在计满回零时

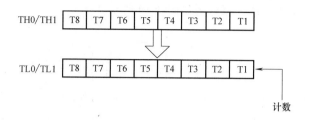

图 4-8 方式 2 的 TH 和 TL 分配

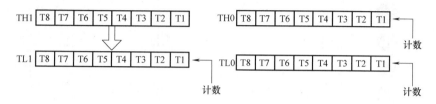

图 4-9 方式 3 时的 TH 和 TL 分配

是不会产生溢出中断请求的。

T0 和 T1 设定为方式 3 实际上就相当于设定了 3 个 8 位计数器同时工作，其中 TH0 和 TL0 为两个由软件重装的 8 位计数器，TH1 和 TL1 为自动重装的 8 位计数器，但无溢出中断请求产生。由于 TL1 工作于无中断请求状态，故用它来作为串行口可变波特率发生器是最好不过的。

4.4 定时器应用设计

设计一：单片机时钟频率为 12MHz，计算定时 5ms 所需的定时器初值。

解：定时器工作在方式 2 和方式 3 下时的最大定时时间只有 0.256ms，因此要想获得 5ms 的定时时间，定时器必须在方式 0 或方式 1 下。

（1）方式 0

$$TC = 2^{13} - 5 \times 10^{-3} / (1 \times 10^{-6}) = 3192 = 0C78H$$

| 0 | 1 | 1 | 0 | 0 | 0 | 1 | 1 | | | 1 | 1 | 0 | 0 | 0 |

即：TH0 = 63H，TL0 = 18H。

（2）方式 1

$$TC = 2^{16} - 5 \times 10^{-3} / (1 \times 10^{-6}) = 60536 = EC78H$$

即：TH0 = ECH，TL0 = 78H。

设计二：

（1）设计要求　设晶振为 12MHz，使用定时器/计数器作为延时控制，循环点亮八盏灯。

（2）系统分析　根据设计要求分析，系统所需元器件：单片机 AT89C51、瓷片电容 CAP 30pF、晶振 CRYSTAL 12MHz、电阻 RES、按钮 BUTTON、电解电容 CAP-ELEC、发光二极管 LED-BIBY。

（3）系统原理图设计　系统原理图如图 4-10 所示。

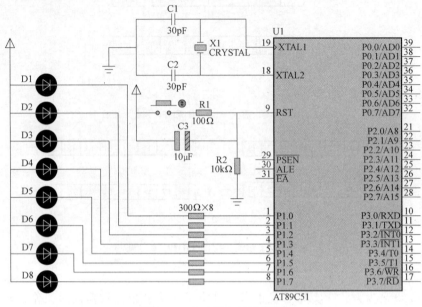

图 4-10　定时器应用原理图

（4）程序流程图设计　程序流程图设计如图 4-11 所示。

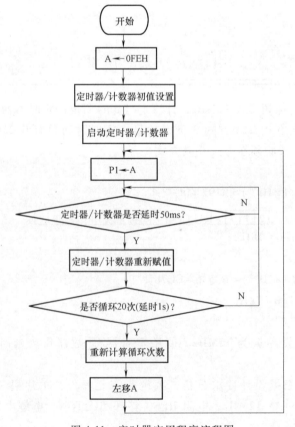

图 4-11　定时器应用程序流程图

（5）源程序设计

```
        ORG    0000H
MAIN：MOV    P1, #0FFH
        MOV    A, #0FEH
        MOV    R0, #14H
        MOV    TMOD, #01H
        MOV    TH0, #3CH
        MOV    TL0, #0B0H
        SETB   TR0
LOOP：MOV    P1, A
LOOP1：JNB    TF0, LOOP1
        CLR    TF0
        MOV    TH0, #3CH
        MOV    TL0, #0B0H
        DJNZ   R0, LOOP1
        MOV    R0, #14H
        RL     A
        LJMP   LOOP
        END
```

（6）在 Keil 中调试与仿真　创建"定时器应用"项目，并选择单片机型号为 AT89C51。输入汇编源程序，保存为"定时器应用 . ASM"。将源程序"定时器应用 . ASM"添加到项目中。编译源程序，并创建了"定时器应用 . HEX"。

（7）在 Proteus 中仿真　打开"定时器应用 . DSN"，左键双击 AT89C51 单片机，在"Program File"项中，选择在 Keil 中生成的十六进制文件"定时器应用 . HEX"。

单击按钮 ▶ 进行程序运行状态，观看运行结果，如图 4-12 所示。

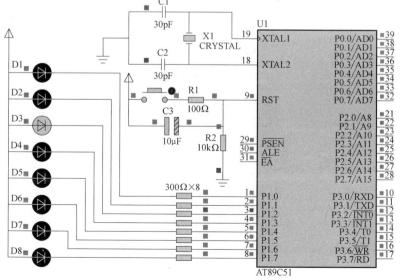

图 4-12　运行结果图

设计三：

（1）设计要求　设晶振为 12MHz，使用定时器 0，在方式 1 下由 P2.0 输出周期为 100ms 的等宽方波，以查询方式完成。

（2）系统分析　根据设计要求分析，系统所需元器件：单片机 AT89C51、瓷片电容 CAP 30pF、晶振 CRYSTAL 12MHz、电阻 RES、按钮 BUTTON、电解电容 CAP-ELEC、示波器 OSCILLOSCOPE。

（3）系统原理图设计　系统原理图如图 4-13 所示。

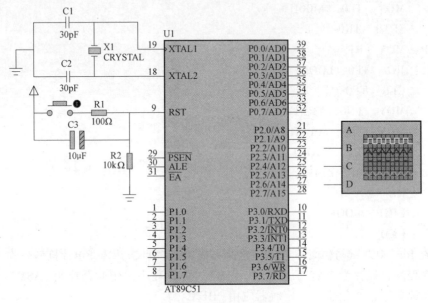

图 4-13　定时器应用原理图

（4）程序流程图设计　程序流程图设计如图 4-14 所示。

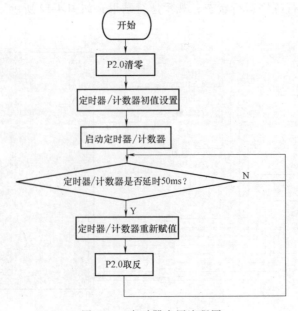

图 4-14　定时器应用流程图

（5）源程序设计

```
        ORG    0000H
MAIN：SETB   P2.0
        MOV    TMOD，#01H
        MOV    TH0，#3CH
        MOV    TL0，#0B0H
        SETB   TR0
LOOP：JNB    TF0，LOOP
        CLR    TF0
        MOV    TH0，#3CH
        MOV    TL0，#0B0H
        CPL    P2.0
        LJMP   LOOP
        END
```

（6）在 Keil 中调试与仿真　创建"定时器方波"项目，并选择单片机型号为 AT89C51。输入汇编源程序，保存为"定时器方波 . ASM"。将源程序"定时器方波 . ASM"添加到项目中。编译源程序，并创建了"定时器方波 . HEX"。

（7）在 Proteus 中仿真　打开"定时器方波 . DSN"，左键双击 AT89C51 单片机，在"Program File"项中，选择在 Keil 中生成的十六进制文件"定时器方波 . HEX"。

单击按钮 ▶ 进行程序运行状态，观看运行结果，如图 4-15 所示。

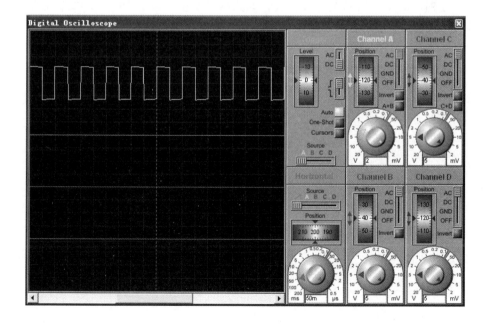

图 4-15　运行结果图

本 章 总 结

8051 单片机共有两个可编程的定时器/计数器，分别称为定时器 0 和定时器 1，它们都是 16 位加 1 计数器。定时器/计数器的工作方式、定时时间、计数值和启动控制由程序来确定。

定时器/计数器有 4 种工作方式，工作方式由定时器方式寄存器 TMOD 中的 M1、M0 位确定。方式 0 是 13 位计数器，方式 1 是 16 位计数器，方式 2 是自动重装初值 8 位计数器，方式 3 时，定时器 0 被分为两个独立的 8 位计数器，定时器 1 是无中断的计数器，此时定时器 1 一般用作串行口波特率发生器。

定时器/计数器有定时和计数两种功能，由定时器方式寄存器 TMOD 中的 $C/\overline{T}$ 位确定。当定时器/计数器工作在定时功能时，通过对单片机内部的时钟脉冲计数来实现可编程定时；当定时器/计数器工作在计数功能时，通过对单片机外部的脉冲计数来实现可编程计数。

习　　题

4-1　如果采用的晶振的频率为 3MHz，定时器/计数器分别工作在方式 0、1、2 下，其最大的定时时间各为多少？

4-2　定时器/计数器用作定时器时，其计数脉冲由谁提供？定时时间与哪些因素有关？

4-3　定时器/计数器作计数器模式使用时，对外界计数频率有何限制？

4-4　编写程序，要求使用 T0，采用方式 2 定时，在 P1.0 输出周期为 400μs，占空比为 10∶1 的矩形脉冲。

4-5　采用定时器/计数器 T0 对外部脉冲进行计数，每计数 100 个脉冲后，T0 转为定时工作方式。定时 1ms 后，又转为计数方式，如此循环不止。假定 MCS-51 单片机的晶体振荡器的频率为 6MHz，请使用方式 1 实现，要求编写出程序。

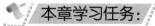

第5章

中断系统及应用

本章学习任务：

- 了解中断的基本概念和功能。
- 掌握中断系统的结构和控制方式。
- 掌握中断系统的中断处理过程。

5.1 中断系统

5.1.1 中断的概念

中断是指 CPU 正在处理某件事情的时候，外部发生了某一事件，请求 CPU 迅速去处理。CPU 暂时中断当前的工作，转入处理所发生的事件，处理完以后，再回来继续执行被终止了的工作，这个过程称为中断。实现中断功能的硬件和软件称为中断系统，产生中断请求的请求源称为中断源，原来正在执行的程序称为主程序，主程序被断开的位置称为断点。

5.1.2 中断源

MCS-51 单片机是一个多中断源的单片机，以 8051 为例，共有 3 类 5 个中断源，5 个中断源中共有 2 个外部中断、2 个定时中断和 1 个串行中断。

（1）外部中断源 外部中断是由外部原因（如打印机、键盘、控制开关、外部故障）引起的，可以通过两个固定引脚来输入到单片机内的信号，即外部中断 0（$\overline{INT0}$）和外部中断 1（$\overline{INT1}$）。

$\overline{INT0}$：外部中断 0 中断请求信号输入端，P3.2 的第二功能。由定时器控制寄存器 TCON 中的 IT0 位决定中断请求信号是低电平还是下降沿有效。一旦输入信号有效，即向 CPU 申请中断，并且硬件自动使 IE0 置 1。

$\overline{INT1}$：外部中断 1 中断请求信号输入端，P3.3 的第二功能。由定时器控制寄存器 TCON 中的 IT1 位决定中断请求信号是低电平还是下降沿有效。一旦输入信号有效，即向 CPU 申请中断，并且硬件自动使 IE1 置 1。

（2）定时中断源 定时中断是由内部定时（或计数）溢出或外部定时（或计数）溢出引起的，即 T0 和 T1 中断。

当定时器对单片机内部定时脉冲进行计数而发生计数溢出时，即表明定时时间到，由硬件自动使 TF0（TF1）置 1，并申请中断。当定时器对单片机外部计数脉冲进行计数而发生计数溢出时，即表明计数次数到，由硬件自动使 TF0（TF1）置 1，并申请中断。外部计数脉冲是通过两个固定引脚来输入到单片机内的。

T0：外部计数输入端，P3.4 的第二功能。当定时器 T0 工作于计数方式时，外部计数脉冲下降沿有效，T0 进行加 1 计数。

T1：外部计数输入端，P3.5 的第二功能。当定时器 T1 工作于计数方式时，外部计数脉冲下降沿有效，T1 进行加 1 计数。

（3）串行口中断类　串行口中断是为接收或发送串行数据而设置的。串行中断请求是在单片机芯片内部发生的。

RXD：串行口输入端，P3.0 的第二功能。当接收完一帧数据时，硬件自动使 RI 置 1，并申请中断。

TXD：串行口输出端，P3.1 的第二功能。当发送完一帧数据时，硬件自动使 TI 置 1，并申请中断。

当某中断源的中断申请被 CPU 响应之后，CPU 将把此中断源的中断入口地址装入 PC，中断服务程序即从地址开始执行。因一般在此地址存放的是一条绝对转移指令，可使程序从此地址跳转到用户安排的中断服务程序去，因而将此地址称为中断入口，也称为中断矢量。MCS-51 单片机一共有 5 个中断源，分为两个中断优先等级，允许实现二级中断嵌套。通过内部 SFR 中的中断允许寄存器 IE 控制 CPU 是否允许中断。由中断优先级寄存器 IP 控制各中断源的中断优先级，如果中断源处于同一优先级，则通过内部电路决定其响应的先后顺序。中断系统可以由图 5-1 说明，它由中断标志（TCON、SCON）、中断允许寄存器 IE、中断优先级寄存器 IP 及内部查询电路组成。

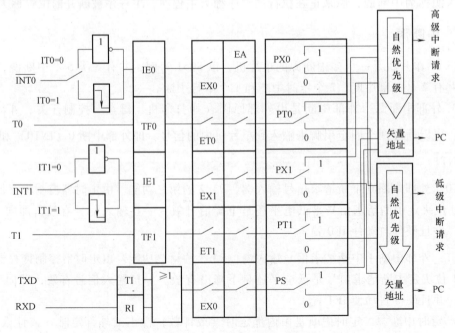

图 5-1　中断系统总体框图

5.1.3　中断系统控制

1. 定时器控制寄存器 TCON

定时器控制寄存器 TCON 的作用是控制定时器的启动和停止，并保存 T0、T1 的溢出中断标志和外部中断 0（INT0）、外部中断 1（INT1）的中断标志。

TCON	8FH	8EH	8DH	8CH	8BH	8AH	89H	88H
(88H)	TF1	TR1	TF0	TR0	IE1	IT1	IE0	IT0

1）TF1（TCON.7）：定时器/计数器 T1 溢出标志位。当 T1 被启动计数后，从初值进行加 1 计数，当 T1 计满溢出时，由硬件自动使 TF1 置 1，并申请中断。该标志一直保持到 CPU 响应中断后，才由硬件自动清 0。也可用软件查询该标志位，并由软件清 0。

2）TR1（TCON.6）：定时器/计数器 T1 启停控制位。

3）TF0（TCON.5）：定时/计数器 T0 溢出标志位，其功能同 TF1。

4）TR0（TCON.4）：定时/计数器 T0 启停控制位，其功能同 TR1。

5）IE1（TCON.3）：外部中断 $\overline{INT1}$ 请求标志位。IE1 = 1 表示外部中断 $\overline{INT1}$ 向 CPU 申请中断。当 CPU 响应外部中断 $\overline{INT1}$ 请求时，由硬件自动使 IE1 清 0（负边沿触发方式）。

6）IT1（TCON.2）：外部中断 $\overline{INT1}$ 触发方式选择位。当 IT1 = 0 时，$\overline{INT1}$ 为电平触发方式。在这种方式下，CPU 在每个机器周期的 S5P2 期间对 $\overline{INT1}$（P3.3）引脚采样，若得到低电平，则认为有中断申请，硬件自动使 IE1 置 1；若为高电平，认为无中断请求或中断请求已撤除，硬件自动使 IE1 清 0。在电平触发方式中，CPU 响应中断后硬件不能自动使 IE1 清 0，也不能由软件使 IE1 清 0，也不能由软件使 IE1 清 1，所以在中断返回前必须撤销 $\overline{INT1}$ 引脚上的低电平，否则将再次响应中断造成出错。

当 IT1 = 1 时，$\overline{INT1}$ 为边沿触发方式。CPU 在每个机器周期的 S5P2 期间采样 $\overline{INT1}$（P3.3）引脚。若在连续两个机器周期采样到先是高电平后是低电平，则认为有中断请求，硬件自动使 IE1 置 1，此标志位一直保持到 CPU 响应中断时，才能由硬件自动清 0。在边沿触发方式下，为保证 CPU 在两个机器周期内检测到先高后低的负跳变，输入高低电平的持续时间至少要保持 1 个机器周期。

7）IE0（TCON.1）：外部中断 $\overline{INT0}$ 请求标志位。其功能同 IE1。

8）IT0（TCON.0）：外部中断 $\overline{INT0}$ 触发方式选择位。其功能同 IT1。

2. 串行口控制寄存器（SCON）

串行口控制寄存器 SCON 的低 2 位 TI 和 RI 保存串行口的接收中断和发送中断标志。SCON 的格式如下：

SCON	9FH	9EH	9DH	9CH	9BH	9AH	99H	98H
(98H)	SM0	SM1	SM2	REN	TB8	RB8	TI	RI

各位的功能说明如下：

1）TI（SCON.1）：串行发送中断请求标志。CPU 将一个字节数据写入发送缓冲器

SBUF 后启动发送，每发送完一帧数据，硬件自动使 TI 置 1。但 CPU 响应中断后，硬件并不自动使 TI 清 0，必须由软件使 TI 清 0。

2）RI（SCON.0）：串行接收中断请求标志位。在串行口允许接收时，每接收完一帧数据，硬件自动使 RI 置 1。但 CPU 响应中断后，硬件并不能自动使 RI 清 0，必须由软件清 0。

SCON 其他各位的功能在后面章节讨论。

3. 中断允许寄存器 IE

中断允许寄存器 IE 的作用是控制 CPU 对中断的开放或屏蔽以及每个中断源是否允许中断。IE 的格式如下：

IE (A8H)	AFH			ACH	ABH	AAH	A9H	A8H
	EA	—	—	ES	ET1	EX1	ET0	EX0

1）EA（IE.7）：CPU 中断总控位。EA = 1，CPU 开放中断，每个中断源是被允许还是被禁止，分别由各中断源的中断允许位确定；EA = 0，CPU 屏蔽所有的中断要求，称为关中断。

2）ES（IE.4）：串行口中断允许位。ES = 1，允许串行口中断；ES = 0，禁止串行口中断。

3）ET1（IE.3）：定时器 T1 中断允许位。ET1 = 1，允许 T1 中断；ET1 = 0，禁止 T1 中断。

4）EX1（IE.2）：外部中断$\overline{INT1}$中断允许位。EX1 = 1，允许$\overline{INT1}$中断；EX1 = 0，禁止$\overline{INT1}$中断。

5）ET0（IE.1）：定时器 T0 中断允许位。ET0 = 1，允许 T0 中断；ET0 = 0，禁止 T0 中断。

6）EX0（IE.0）：外部中断$\overline{INT0}$中断允许位。EX0 = 1，允许$\overline{INT0}$中断；EX0 = 0，禁止$\overline{INT0}$中断。

4. 中断优先级控制寄存器 IP

中断优先级控制寄存器 IP 的作用是设定各中断源的优先级别。IP 的格式如下：

IP (B8H)				BCH	BBH	BAH	B9H	B8H
	—	—	—	PS	PT1	PX1	PT0	PX0

各位的功能说明如下：

1）PS（IP.4）：串行口中断优先级控制位。PS = 1，串行口为高优先级中断；PS = 0，串行口为低优先级中断。

2）PT1（IP.3）：定时器 T1 中断优先级控制位。PT1 = 1，T1 为高优先级中断；PT1 = 0，T1 为低优先级中断。

3）PX1（IP.2）：外部中断$\overline{INT1}$中断优先级控制位。PX1 = 1，$\overline{INT1}$为高优先级中断；PX1 = 0，$\overline{INT1}$为低优先级。

4）PT0（IP.1）：定时器 T0 中断优先级控制位。PT0 = 1，T1 为高优先级中断；PT0 = 0，T0 为低优先级中断。

5）PX0（IP.0）：外部中断$\overline{\text{INT0}}$中断优先级控制位。PX0 = 1，$\overline{\text{INT0}}$为高优先级中断；PX0 = 0，$\overline{\text{INT0}}$为低优先级。

5.1.4 中断处理过程

中断处理过程可分为 3 个阶段，即中断响应、中断处理和中断返回。所有计算机的中断处理都有这样 3 个阶段，不同的计算机因中断系统的硬件结构不完全相同，因而中断响应的方式也有所不同。

1. 中断响应

中断响应是在满足 CPU 的中断响应条件之后，CPU 对中断源中断请求的回答。在这个阶段，CPU 要完成中断服务程序以前的所有准备工作，这些准备工作是：保护断点和把程序转向中断服务程序的入口地址。

计算机在运行时，并不是任何时刻都会去响应中断请求，而是在中断响应条件满足之后才会响应。

（1）CPU 的中断响应条件

1）首先要由中断源发出中断申请。

2）中断总允许 EA = 1，即 CPU 允许所有中断源申请中断。

3）中断的中断源的中断允许位为 1，即此中断源可以向 CPU 申请中断。

以上是 CPU 响应中断的基本条件。若满足上述条件，CPU 一般会响应中断，但如果有下列任何一种情况存在，则中断响应会受到阻断。

1）CPU 正在执行一个同级或高一级的中断服务程序。

2）当前的机器周期不是正在执行的指令的最后一个周期，即正在执行的指令还未完成前，任何中断请求都得不到响应。

3）正在执行的指令是返回指令或者对专用寄存器 IE、IP 进行读/写的指令。在执行 RETI 或者读写 IE 或 IP 之后，不会马上响应中断请求，至少在执行一条其他指令之后才会响应。若存在上述任何一种情况，中断查询结果就被取消，否则，在紧接着的下一个机器周期，就会响应中断。

在每个机器周期的 S5P2 期间，CPU 对各中断源采样，并设置相应的中断标志位。CPU 在下一个机器周期 S6 期间按优先级顺序查询各中断标志，若查询到某个中断标志为 1，将在再下一个机器周期 S1 期间按优先级进行中断处理。中断查询在每个机器周期中反复执行，如果中断响应的基本条件已经满足，但由于上述三条之一而未被及时响应，待上述封锁条件被撤销之后，中断标志也已消失了，则这次中断申请就不会再被响应。

（2）中断优先级的判定 中断源的优先级别分为高级和低级，通过软件设置中断优先级寄存器 IP 相关位来设定每个中断源的级别。

如果几个同一优先级别的中断源同时向 CPU 请求中断，CPU 通过硬件查询电路首先响应自然优先级较高的中断源的中断请求。其自然优先级由硬件规定，排列如表 5-1 所示。

（3）中断响应过程 如果中断响应条件满足，且不存在中断阻断的情况，则 CPU 将响应中断。此时，中断系统通过硬件生成调用指令（LCALL），此指令将自动把断点地址压入堆栈保护起来（但不保护状态字寄存器 PSW 及其他寄存器内容），然后将对应的中断入口地址装入程序计数器 PC，使程序转向中断入口地址，执行中断服务程序。在 MCS-51 单片机中各中断源与之对应的入口地址分配如表 5-2 所示。

<table>
<tr><td colspan="2">表 5-1　中断源优先级</td><td colspan="2">表 5-2　中断源入口地址</td></tr>
<tr><td>中断源</td><td>入口地址</td><td>中断源</td><td>入口地址</td></tr>
<tr><td>$\overline{INT0}$</td><td rowspan="5">高
↓
低</td><td>$\overline{INT0}$</td><td>0003H</td></tr>
<tr><td>T0</td><td>T0</td><td>000BH</td></tr>
<tr><td>$\overline{INT1}$</td><td>$\overline{INT1}$</td><td>0013H</td></tr>
<tr><td>T1</td><td>T1</td><td>001BH</td></tr>
<tr><td>串行口中断</td><td>串行口中断</td><td>0023H</td></tr>
</table>

使用时，通常在这些入口地址处存放一条绝对转移指令，使程序跳转到用户安排的中断服务程序起始地址上去。

2. 中断处理

中断服务程序从入口地址开始执行，直至遇到中断返回指令 RETI 为止，这个过程称为中断处理（又称中断服务）。此过程一般包括两部分内容：一是保护现场，二是处理中断源的请求。

因为主程序和中断服务程序一般都会用到累加器、PSW 寄存器及其他一些寄存器。CPU 在进入中断服务程序后，用到上述寄存器时，就会破坏它原来存在寄存器中的内容，一旦中断返回，将会造成主程序混乱，因而在进入中断服务程序后，一般要先保护现场，然后再执行中断处理程序，在返回主程序以前，再恢复现场。

另外，在编写中断服务程序时还需注意以下几点：

1）因为各入口地址之间，只相隔 8 个字节，一般的中断服务程序是容纳不下的，因而最常用的方法是在中断入口地址单元存放一条无条件转移指令，这样可使中断服务程序灵活地安排在 64KB 程序存储器的任何空间。

2）若要在执行当前中断程序时禁止更高优先级中断源中断，要先用软件关闭 CPU 中断，或禁止更高级中断源的中断，而在中断返回前再开放中断。

3）在保护现场和恢复现场时，为了不使现场数据受到破坏或者造成混乱，一般规定在保护现场和恢复现场时，CPU 不影响新的中断请求。这就要求在编写中断服务程序时，注意在保护现场之前要关中断，在恢复现场之后开中断。

3. 中断返回

（1）中断返回　中断返回是指中断服务完成后，CPU 返回到原程序的断点，CPU 返回到原程序的断点（即原来断开的位置），继续执行原来的程序。中断返回通过执行中断返回指令 RETI 来实现，该指令的功能是首先将相应的优先级状态触发器置 0，以开放同级别中断源的中断请求；其次，从堆栈区把断点地址取出，送回到程序计数器 PC 中。因此，不能用 RET 指令代替 RETI 指令。

（2）中断请求的撤除　CPU 响应某中断请求后，在中断返回前，应该撤消该中断请求，否则会引起另一次中断。不同中断源中断请求的撤除方法是不一样的。

1）定时器溢出中断请求的撤除。CPU 在响应中断后，硬件会自动清除中断请求标志 TF0 和 TF1。

2）串行口中断的撤除。在 CPU 响应中断后，硬件不能清除中断请求标志 TI 和 RI，而要由软件来清除相应的标志。

3）外部中断的撤除。外部中断为边沿触发方式时，CPU 响应中断后，硬件会自动清除中断请求标志 IE0 和 IE1。外部中断为电平触发方式时，CPU 响应中断后，硬件会自动清除中断请求标志 IE0 和 IE1，但由于加到 $\overline{\text{INT0}}$ 或 $\overline{\text{INT1}}$ 引脚的外部中断请求信号并未撤除，中断请求标志 IE0 或 IE1 会再次被置 1，所以在 CPU 响应中断后应立即撤除 $\overline{\text{INT0}}$ 或 $\overline{\text{INT1}}$ 引脚上的低电平。一般采用加一个 D 触发器和几条指令的方法来解决这个问题，外部中断的撤除电路如图 5-2 所示。

中断服务程序的开始部分：

INT0：ANL　　P1，#0FEH

　　　　ORL　　P1，#01H

　　　　CLR　　IE0

　　　　……

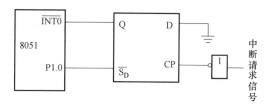

图 5-2　外部中断的撤除电路

由图 5-1 可知，外部中断请求信号直接加到 D 触发器的 CP 端，当外部中断请求的低电平脉冲信号出现在 CP 端时，D 触发器的 Q 端置 0，$\overline{\text{INT0}}$ 或 $\overline{\text{INT1}}$ 引脚为低电平，发出中断请求。在中断服务程序中开始的三条指令可先在 P1.0 输出一个宽度为 2 个机器周期的负脉冲，使 D 触发器的 Q 端置 1，然后由软件来清除中断请求标志 IE0 或 IE1。

4. 中断响应时间

中断响应时间，是从查询中断请求标志位开始到转向中断入口地址所需的机器周期数。

MCS-51 单片机的最短响应时间为 3 个机器周期。其中中断请求标志位查询占一个机器周期，而这个机器周期又恰好是执行指令的最后一个机器周期，在这个机器周期结束后，中断即被响应，产生 LCALL 指令。而执行这条长调用指令需要两个机器周期，这样中断响应共经历了 3 个机器周期。

若中断响应被前面所述的三种情况所封锁，将需要更长的响应时间。若中断标志查询时，刚好开放执行 RET、RETI 或访问 IE、IP 的指令，则需要把当前指令执行完再继续执行一条指令后，才能进行中断响应。执行 RET、RETI 或访问 IE、IP 指令最长需要两个机器周期。而如果继续执行的那条指令恰好是 MUL（乘法）、DIV（除法）指令，则又需要 4 个机器周期，再加上执行长调用指令 LCALL 所需要的两个机器周期，从而形成了 8 个机器周期的最长响应时间。

5. 中断系统的应用

中断控制实质上就是用软件对 4 个与中断有关的特殊功能寄存器 TCON、SCON、IE 和 IP 进行管理和控制。人们只要对这些寄存器相应位的状态进行预置，CPU 就会按照人们的意志对中断源进行管理和控制。在 MCS-51 单片机中，需要人为地进行管理和控制的有以下几点：

1）CPU 的开中断与关中断。

2）各中断源中断请求的允许和禁止。

3）各中断源优先级别的设定。

4）外部中断请求的触发方式。

中断管理程序和中断控制程序一般不独立编写，而是在主程序中编写。中断服务程序是具有特定功能的独立程序段，它为中断源的特定要求服务，以中断返回指令结束。在中断响应过程中，首先要考虑保护现场和恢复现场。在多级中断系统中，中断可以嵌套，为了不至于在保护现场或恢复现场时，由于 CPU 响应其他更高级的中断请求而破坏现场，一般要求在保护现场和恢复现场时，CPU 不响应外界的中断请求，即关中断。因此在编写程序时，应在保护现场和恢复现场之前，使 CPU 关中断，在保护现场或恢复现场之后，根据需要使CPU 开中断。

5.2　MCS-51 单片机外部中断源的扩展

MCS-51 单片机具有两个外部中断请求输入端$\overline{INT0}$或$\overline{INT1}$，并且有两个相应的中断服务程序的入口（0003H 或 0013H），在实际应用中，若外部中断源超过两个，就需扩充外部中断源。

1. 定时器扩展法

MCS-51 单片机内部计数器是 16 位的，在允许中断的情况下，当计数从全 1 变为全 0时，就产生溢出中断。如果计数器的初值为 FFFFH，那么只要计数输入端加一个脉冲就可以产生溢出中断申请。如果把外部中断输入加到计数输入端，就可以利用外部中断申请的负脉冲产生定时器溢出中断申请而转到相应的中断入口（000BH 或 001BH），只要在那里存放的是为外中断服务的中断子程序，就可以实现定时器/计数器溢出中断转为外部中断的目的。具体方法如下：

1）置定时器/计数器为工作模式 2，且为计数方式，即 8 位的自动重装方式。当低 8 位计数器溢出时，高 8 位内容自动重新装入低 8 位，从而使计数可以重新按原规定的初值进行。

2）定时器/计数器的高 8 位和低 8 位都预置为 FFH。

3）将定时器/计数器的计数输入端（P3.5、P3.4）作为扩展的外部中断请求输入。

4）在相应的中断服务程序入口开始存放为外中断服务程序。

借用定时器/计数器 0 溢出中断为外部中断的初始化程序如下：

```
MOV   TMOD, #06H      ; 置 T0 为工作模式 2、计数方式
MOV   TL0, #0FFH      ; 置低 8 位初始值
MOV   TH0, #0FFH      ; 置高 8 位初始值
SETB  EA             ; 开中断
SETB  ET0            ; 定时器 T0 允许中断
SETB  TR0            ; 启动计数器
```

这样设置后，定时器 T0 的输入就可以作为外部中断请求的输入，相当于增加了一个边沿触发的外部中断源，其中中断服务程序的入口地址为 000BH。

2. 用查询方式扩展中断源

当外部中断源比较多，借用计数器溢出中断也不够用，这时可用查询方式来扩展外部中

断源。图 5-3 是中断源和查询的一种硬件连接电路，设有四个外部中断源 EI1、EI2、EI3 和 EI4，这 4 个中断请求输入端通过或非门接到$\overline{INT0}$引脚上，4 个中断请示 EI1～EI4 之中有一个或一个以上有效（高电平），就会产生一个负的$\overline{INT0}$信号向 8051 申请中断。

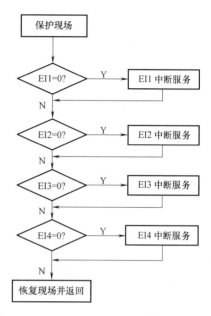

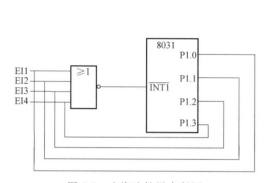

图 5-3　查询法扩展中断源　　　　　　　　图 5-4　中断查询程序流程

　　为了确定$\overline{INT0}$有效时究竟是哪一个中断源发出的申请，就要通过对中断源的查询来解决。为此，4 个外部中断源输入端分别接到 P1.0～P1.3 这 4 条引脚上，在响应中断以后，在中断服务程序中 CPU 通过对这 4 条输入线电位的检测，来确定是哪一个中断源提出了申请。

　　这种中断源的查询和查询式输入/输出是不同的。查询式输入/输出是 CPU 不断地查询外部设备的状态，以确定是否可以进行数据交换。而中断源的查询则是在收到中断请求以后，CPU 通过查询来认定中断源。这种查询只需进行一遍即可完成，不必反复进行。

```
        ORG    0013H
        LJMP   ITROU
        ……
ITROU：PUSH   PSW           ；保护现场
        PUSH   ACC
        ANL  P1, #0FH        ；取出 P1 口低 4 位
        JNB   P1.0, N1        ；若非 EI1 中断，则转 N1
        ACALL  BR0           ；若为 EI1 中断，则转 BR0
    N1：JNB   P1.1, N2        ；若非 EI2 中断，则转 N2
        ACALL  BR1           ；若为 EI2 中断，则转 BR2
    N2：JNB   P1.2, N3        ；若非 EI3 中断，则转 N3
        ACALL  BR2           ；若为 EI3 中断，则转 BR2
```

```
N3：JNB  P1.3，N4      ；若非 EI4 中断，则转 N4
     ACALL   BR3       ；若为 EI4 中断，则转 BR3
N4：POP  ACC          ；恢复现场
     POP  PSW
     RETI
     BR0：…            ；EI1 中断服务程序
     RET
     BR1：…            ；EI2 中断服务程序
     RET
     BR2：…            ；EI3 中断服务程序
     RET
     BR3：…            ；EI4 中断服务程序
     RET
```

5.3　中断应用设计

设计一：

（1）设计要求　在某控制系统中，正常工作时 LED 闪烁，当系统产生外部中断时，LED 停止闪烁并产生报警，一段时间后停止报警，LED 继续闪烁。

（2）系统分析　根据设计要求分析，系统所需元器件：单片机 AT89C51、瓷片电容 CAP 30pF、晶振 CRYSTAL 12MHz、电阻 RES、按钮 BUTTON、电解电容 CAP-ELEC、传声器 SOUNDER。

（3）系统原理图设计　外部中断报警原理图如图 5-5 所示。

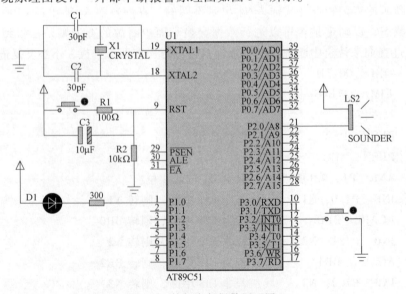

图 5-5　外部中断报警原理图

（4）程序流程图设计　主程序和中断子程序流程图设计如图 5-6 所示。

（5）源程序设计

```
          ORG   0000H
          LJMP  MAIN
          ORG   0003H
          LJMP  INT00
MAIN：    SETB  EA
          SETB  EX0
          SETB  IT0
          MOV   SP, #70H
LOOP：    CPL   P1.0
          LCALL DELAY
          SJMP  LOOP
INT00：   PUSH  PSW
          SETB  RS0
          CLR   RS1
          MOV   R0, #40H
          SETB  P1.0
LOOP1：   CPL   P2.0
          LCALL DELAY
          DJNZ  R0, LOOP1
          POP   PSW
          RETI
DELAY：   MOV   R7, #80H
DELAY1：  MOV   R6, #0FFH
          DJNZ  R6, $
          DJNZ  R7, DELAY1
          RET
          END
```

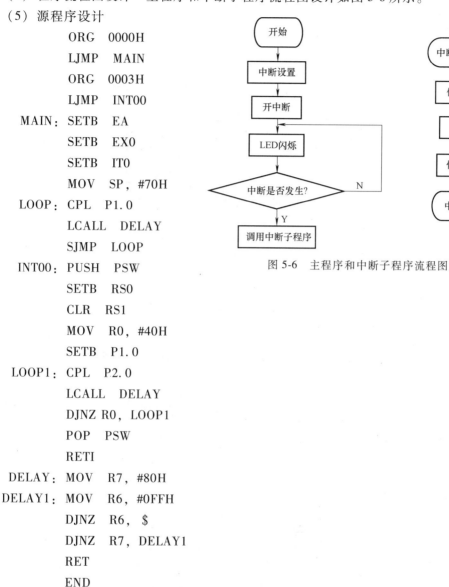

图 5-6　主程序和中断子程序流程图

（6）在 Keil 中调试与仿真　创建"外部中断"项目，并选择单片机型号为 AT89C51。输入汇编源程序，保存为"外部中断.ASM"。将源程序"外部中断.ASM"添加到项目中。编译源程序，并创建了"外部中断.HEX"。

（7）在 Proteus 中仿真　打开"外部中断.DSN"，左键双击 AT89C51 单片机，在"Program File"项中，选择在 Keil 中生成的十六进制文件"外部中断.HEX"。

单击按钮 ▶ 进行程序运行状态，观察运行结果。

设计二：

（1）设计要求　设晶振为 12MHz，使用定时器/计数器作为延时控制，采用中断工作方式，在两灯之间按 0.5s 交替闪烁。

（2）系统分析　根据设计要求分析，系统所需元器件：单片机 AT89C51、瓷片电容

CAP 30pF、晶振 CRYSTAL 12MHz、电阻 RES、按钮 BUTTON、电解电容 CAP-ELEC、发光二极管 LED-BIBY。

（3）系统原理图设计　定时中断系统原理图如图 5-7 所示。

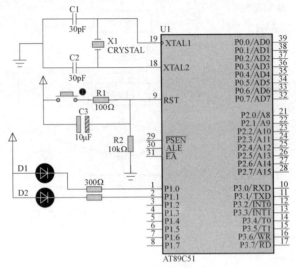

图 5-7　定时中断系统原理图

（4）程序流程图设计　主程序和定时中断子程序流程图设计如图 5-8 所示。

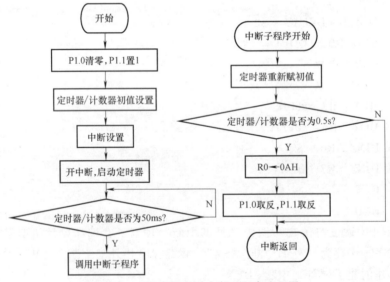

图 5-8　主程序和定时中断子程序流程图

（5）源程序设计

```
        ORG    0000H
        SJMP   MAIN
        ORG    000BH
        SJMP   INT
MAIN：MOV    R0，#0AH
```

```
        CLR    P1.0
        SETB   P1.1
        MOV    TMOD, #01H
        MOV    TL0, #03CH
        MOV    TH0, #0B0H
        SETB   EA
        SETB   ET0
        SETB   TR0
        SJMP   $
 INT：  MOV    TH0, #3CH
        MOV    TL0, #0B0H
        DJNZ   R0, INT11
        MOV    R0, #0AH
        CPL    P1.0
        CPL    P1.1
 INT11：RETI
        END
```

（6）在 Keil 中调试与仿真　创建"定时中断"项目，并选择单片机型号为 AT89C51。输入汇编源程序，保存为"定时中断.ASM"。将源程序"定时中断.ASM"添加到项目中。编译源程序，并创建了"定时中断.HEX"。

（7）在 Proteus 中仿真　打开"定时中断.DSN"，左键双击 AT89C51 单片机，在"Program File"项中，选择在 Keil 中生成的十六进制文件"定时中断.HEX"。

单击按钮 ▶ 进行程序运行状态，观察运行结果。

设计三：

（1）设计要求　系统工作时八盏 LED 间隔点亮，采用定时器/计数器 T0 扩展外部中断，产生中断时 8 盏 LED 同时点亮，一段时间后 LED 恢复间隔点亮。

（2）系统分析　根据设计要求分析，系统所需元器件：单片机 AT89C51、瓷片电容 CAP 30pF、晶振 CRYSTAL 12MHz、电阻 RES、按钮 BUTTON、电解电容 CAP-ELEC、发光二极管 LED-GREEN。

（3）系统原理图设计　系统原理图如图 5-9 所示。

（4）程序流程图设计　主程序和子程序流程图设计如图 5-10 所示。

（5）源程序设计

```
        ORG    0000H
        LJMP   MAIN
        ORG    000BH
        LJMP   T00
 MAIN： MOV    SP, #70H
        MOV    TMOD, #06H
        MOV    TL0, #0FFH
```

```
        MOV   TH0, #0FFH
        SETB  EA
        SETB  ET0
        SETB  TR0
        MOV   A, #55H
        MOV   P1, A
        SJMP  $
   T00：PUSH  ACC
        MOV   A, #00H
        MOV   P1, A
        LCALL  DELAY
        POP   ACC
        MOV   P1, A
        RETI
 DELAY：MOV   R7, #0FH
   D1：MOV   R6, #0FFH
   D2：MOV   R5, #0FFH
        DJNZ  R5, $
        DJNZ  R6, D2
        DJNZ  R7, D1
        RET
        END
```

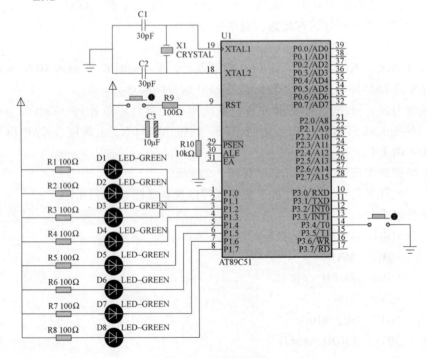

图 5-9　系统原理图

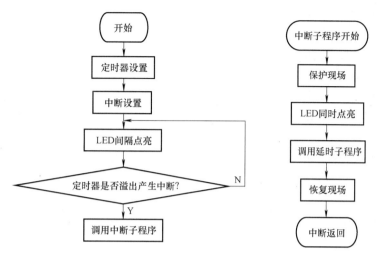

图 5-10 主程序和子程序流程图

（6）在 Keil 中调试与仿真 创建"定时器扩展"项目，并选择单片机型号为 AT89C51。输入汇编源程序，保存为"定时器扩展.ASM"。将源程序"定时器扩展.ASM"添加到项目中。编译源程序，并创建了"定时器扩展.HEX"。

（7）在 Proteus 中仿真 打开"定时器扩展.DSN"，左键双击 AT89C51 单片机，在"Program File"项中，选择在 Keil 中生成的十六进制文件"定时器扩展.HEX"。

单击按钮 ▶ 进行程序运行状态，观察运行结果。

设计四：

（1）设计要求 查询方式扩展中断源。

（2）系统分析 根据设计要求分析，系统所需元器件：单片机 AT89C51、瓷片电容 CAP 30pF、晶振 CRYSTAL 12MHz、电阻 RES、按钮 BUTTON、电解电容 CAP-ELEC、发光二极管 LED-BIBY、四输入与非门 74LS21。

（3）系统原理图设计 外部中断扩展原理图如图 5-11 所示。

（4）程序流程图设计 主程序和中断子程序流程图设计如图 5-12 所示。

（5）源程序设计

```
        ORG   0000H
        LJMP  MAIN
        ORG   0013H
        LJMP  ITROU
MAIN:   SETB  EA
        SETB  EX0
        SETB  IT0
        MOV   A，#00H
        MOV   P1，A
        SJMP  $
ITROU:  JB  P2.0，K1
        ACALL  BR0
```

K1：   JB   P2.1，K2

        ACALL   BR1

K2：   JB   P2.2，K3

        ACALL   BR2

K3：   JB   P2.3，K4

        ACALL   BR3

K4：   RETI

BR0：   MOV   A，#0FFH

        MOV   P1，A

        RET

BR1：   MOV   A，#55H

        MOV   P1，A

        RET

BR2：   MOV   A，#0FH

        MOV   P1，A

        RET

BR3：   MOV   A，#33H

        MOV   P1，A

        RET

        END

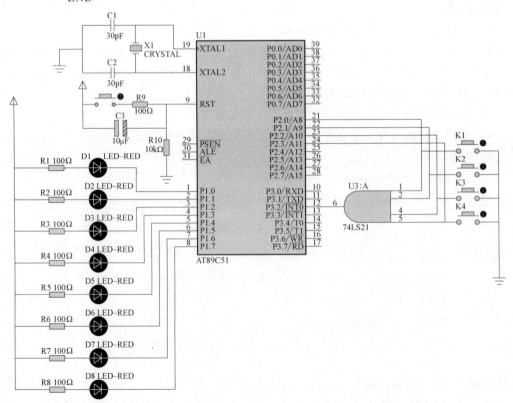

图 5-11   外部中断扩展原理图

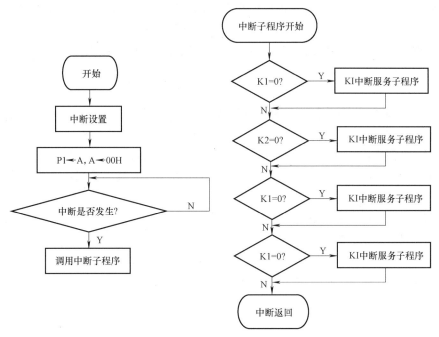

图 5-12　主程序和中断子程序流程图

（6）在 Keil 中调试与仿真　创建"外部中断扩展"项目，并选择单片机型号为 AT89C51。输入汇编源程序，保存为"外部中断扩展 . ASM"。将源程序"外部中断扩展 . ASM"添加到项目中。编译源程序，并创建了"外部中断扩展 . HEX"。

（7）在 Proteus 中仿真　打开"外部中断扩展 . DSN"，左键双击 AT89C51 单片机，在 "Program File"项中，选择在 Keil 中生成的十六进制文件"外部中断扩展 . HEX"。

单击按钮　▶ 进行程序运行状态，观察运行结果。

本 章 总 结

单片机处理中断有中断请求、中断响应、中断处理和中断返回四个步骤。中断响应是在满足 CPU 的中断响应条件之后，CPU 对中断源中断请求的回答。由于可设置优先级，中断可实现两级中断嵌套。中断处理就是执行中断服务程序，包括保护现场、处理中断源的请求和恢复现场三部分内容。中断返回是指中断服务完成后，返回到源程序的断点，继续执行原来的程序；在返回前，要撤销中断请求，不同的中断源中断请求的撤销方法不一样。中断系统的功能包括进行中断优先级排队、实现中断嵌套、自动响应中断和实现中断返回。中断的特点是可以提高 CPU 的工作效率、实现实时处理和故障处理。

8051 中断系统主要由定时器控制寄存器 TCON、串行口控制寄存器 SCON、中断允许寄存器 IE、中断优先级寄存器 IP 和硬件查询电路等组成。

定时器控制寄存器 TCON 用于控制定时器的启动与停止，保存 T0、T1 的溢出中断标志和外部中断 $\overline{INT0}$、$\overline{INT1}$ 的中断标志。串行口控制寄存器 SCON 的低 2 位 TI 和 RI 用于保存串行口的接收中断和发送中断标志。中断允许寄存器 IE 用于控制 CPU 对中断的开放或屏蔽以及每个中断源是否允许中断。中断优先级寄存器 IP 用于设定各中断源的优先级别。

扩展外部中断源的方法有定时扩展法和中断加查询扩展法两种。定时扩展法用于外部中断源个数不太多并且定时器有空余的场合。中断加查询扩展法用于外部中断源个数较多的场合，但因查询时间较长，在实时控制中要注意能否满足实时控制要求。

习　题

5-1　什么是中断系统？中断系统的功能是什么？

5-2　什么是中断嵌套？

5-3　什么是中断源？MCS-51 有哪些中断源？各有什么特点？

5-4　MCS-51 单片机响应外部中断的典型时间是多少？在哪些情况下，CPU 将推迟对外部中断请求的响应？

5-5　MCS-51 有哪几种扩展外部中断源的方法？各有什么特点？

5-6　MCS-51 单片机各中断源发出的中断请求信号，标记哪些寄存器中？

5-7　编写出外部中断 1 为边沿触发的中断初始化程序。

5-8　中断查询确认后，在下列各种 8031 单片机运行情况中，能立即进行响应的是（　　）。

A. 当前正在进行高优先级中断处理。

B. 当前正在执行 RETI 指令。

C. 当前指令是 DIV 指令，且正处于取指令的机器周期。

D. 当前指令是 MOV　A，R3。

5-9　在 MCS-51 中，需要外加电路实现中断撤除的是（　　）。

A. 定时中断　　　　　　　　　　　　B. 脉冲方式触发的外部中断

C. 外部串行中断　　　　　　　　　　D. 电平方式触发的外部中断

5-10　下列说法正确的是（　　）。

A. 同一级别的中断请求按时间的先后顺序响应。

B. 同一时间同一级别的多中断请求，将形成阻塞，系统无法响应。

C. 低优先级中断请求不能中断高优先级中断请求，但是高优先级中断请求能中断低优先级中断请求。

D. 同级中断不能嵌套。

5-11　中断服务子程序返回指令 RETI 和普通子程序返回指令 RET 有什么区别？

5-12　某系统有三个外部中断源 1、2、3，当某一中断源变为低电平时，便要求 CPU 进行处理，它们的优先处理次序由高到底为 3、2、1，中断处理程序的入口地址分别为 1000H、1100H 和 1200H。试编写主程序及中断服务程序（转至相应的中断处理程序的入口即可）。

5-13　定时器/计数器的工作方式 2 有什么特点？适用于什么应用场合？

5-14　编写一段程序，功能要求为：当 P1.0 引脚的电平正跳变时，对 P1.1 的输入脉冲进行计数；当 P1.2 引脚的电平负跳变时，停止计数，并将计数值写入 R0、R1（高位存 R1，低位存 R0）。

第6章

MCS-51单片机的显示器与键盘接口技术

本章学习任务：

- 掌握 LED 显示器接口电路。
- 掌握 LCD 显示器接口电路。
- 掌握独立键盘和矩阵键盘接口电路。

6.1 显示器接口

显示器是常用的输出设备之一，常见的显示器有 LED 显示器、LCD 液晶显示器和 CRT 显示器。由于 LED 和 LCD 显示器可显示数字、字符和系统的状态，且具有体积小、功耗低、与单片机连接方便等特点，所以在单片机应用系统中广泛使用。

6.1.1 LED 显示器与接口

1. LED 显示器

LED（Light Emitting Diode）的中文含义是发光二极管，常用于电子设备的电源指示和工作状态指示。它的优点是：价格低，寿命长，对电压、电流的要求低且容易实现多路等。这里我们所讲的 LED 显示器是由 8 个发光二极管组成的，常用来显示数字和字符，也称数码管。

（1）数码管的结构　　如图 6-1a 所示，数码管的笔段和引脚排列。数码管中的 8 个发光二极管，每个发光二极管对应一个笔段，其中 a～g 段用于显示数字、字符的笔画，dp 显示小数点，控制发光二极管的亮灭，就可以使数码管显示不同的内容。

数码管中的 8 个发光二极管连接方法有两种。一种是共阳极连接法。它把各个发光二极管的阳极连接在一起，作为公共端，如图 6-1b 所示。工作时，公共端接高电平（一般接电源），当某个发光二极管的阴极接低电平时，它对应笔段点亮发光。另一种是共阴极连接法。它把各个发光二极管的阴极连接在一起，作为公共端，如图 6-1c 所示。工作时，公共端接低电平（一般接地），当某个发光二极管的阳极接高电平时，它对应笔段点亮发光。数码管在出厂时，连接方法已经确定，用户在购买使用时要先了解它是何种接法的数码管。

（2）数码管的驱动电路　　LED 是近似于恒压的组件，导电时的正向压降一般为 1.6V 或 2.4V 左右；反向击穿电压一般 ≥5V。发光二极管的工作电流一般在 10～20mA 之间。LED 数码管的驱动（点亮）方式有静态显示和动态显示两种方式。单片机输出端所能提供的驱

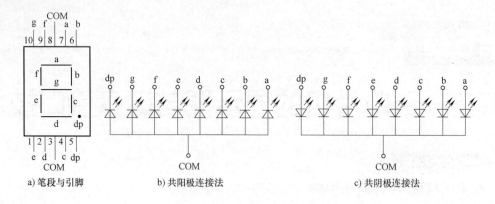

图 6-1　数码管的结构与接法

动电流不能满足发光二极管的工作电流时，就需要在单片机与数码管之间增加驱动电路。驱动电路可以用于分立元件或驱动芯片，如图 6-2 所示。

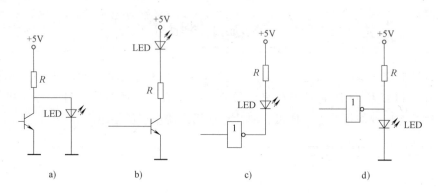

图 6-2　LED 驱动电路

如图 6-2a 所示，从基极输入低电平，驱动管截止而使集电极处于高电平，LED 被正向导通而发光。如图 6-2b 所示，从基极输入高电平，驱动管饱和导通而使集电极处于低电平，LED 导通而发光。图 6-2c、d 的驱动电路采用集电极（或漏极）开路的反相门电路作为驱动电路。各驱动电路中的电阻 R 为限流电阻，通常为数百欧姆，改变限流电阻的阻值，可以调节数码管的发光亮度。

（3）数码管的字形编码　数码管的不同笔段的组合构成了不同字符的字形。为了获得不同的字形，各笔段所加的电平也不同，因此各个字形所形成的编码是不一样的。例如，对于共阳极数码管，如果要显示字符 2，则笔段 a、b、g、e、d 发光，对应引脚为低电平；其余各笔段不发光，对应引脚为高电平。所以字符 2 的字形编码为如 dp gfedcba = 10100100B = A4H。对于共阴极数码管的字形编码与共阳极数码管的字形编码是逻辑"非"的关系。

根据上述编码方法可以得出数码管显示的字符与对应的字形编码的关系，如表 6-1 所示。

通常，将要显示字符的字形编码存放在程序存储器中的某个区域中，构成显示字形编码表，当要显示某个字符时，在程序中通过查表的方法来获取该字符对应的字形编码。

表 6-1　数码管的字形编码表

显示字符	共阴极编码	共阳极编码	显示字符	共阴极编码	共阳极编码
0	3FH	C0H	C	39H	C6H
1	06H	F9H	d	5EH	A1H
2	5BH	A4H	E	79H	86H
3	4FH	B0H	F	71H	8EH
4	66H	99H	H	76H	89H
5	6DH	92H	L	38H	C7H
6	7DH	82H	P	73H	8CH
7	07H	F8H	R	31H	CEH
8	7FH	80H	U	3EH	C1H
9	6FH	90H	Y	6EH	91H
A	77H	88H	—	40H	BFH
B	7CH	83H	.	80H	7FH

2. 静态显示接口

所谓静态显示就是当数码管显示某一个字符时，相应的发光二极管一直处于发光或熄灭状态。图 6-3 是 4 位静态 LED 显示电路，由于每一个数码管都与一个 8 位并行口相连，故在同一时间内每个数码管显示的字符可以各不相同。

静态显示具有显示程序简单，亮度高，CPU 工作效率高等优点。由于静态显示在不改变显示内容时不用 CPU 去干预，所以节约了 CPU 的时间。其缺点是显示位数较多时占用 I/O 口线较多，硬件较复杂，成本高。静态显示一般应用于显示位数较少的系统中。

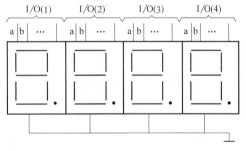

图 6-3　4 位静态 LED 显示电路

3. 动态显示接口

动态显示采用扫描方式轮流点亮 LED 数码管的各个位。通常，将多个数码管的段选线并联在一起，用一个 8 位 I/O 口控制；各个数码管的位选线（数码管的公共端）由另外的 I/O 口控制。这样可以通过控制公共端是否有效，逐个循环点亮各位显示器。由于人眼具有视觉暂留效应，虽然在任一时刻只有一位数码管被点亮，但因为每个数码管点亮的时间间隔（1~5ms）很短，看起来数码管都在"同时"显示。图 6-4 是一个 8 位动态显示原理图。

与静态显示相比，动态显示方式具有节省 I/O 口，硬件电路简单等特点，故在单片机应用系统经常使用。但也存在程序复杂、动态扫描占用 CPU 时间较多等缺点。

6.1.2　LED 显示应用设计

设计一：

（1）设计要求　设晶振为 12MHz，一位共阳极数码管与 P1 口相连接，使其循环显示数字 1~9。

（2）系统分析　根据设计要求分析，系统所需元器件：单片机 AT89C51、瓷片电容 CAP 30pF、晶振 CRYSTAL 12MHz、电阻 RES、按钮 BUTTON、电解电容 CAP-ELEC、共阳极数码管 7SEG-COM-ANDODE。

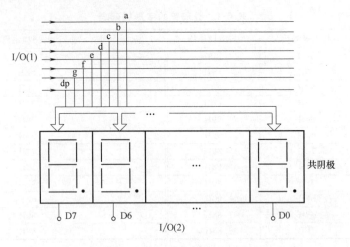

图 6-4　8 位动态显示原理图

（3）系统原理图设计　静态 LED 显示系统电路图如图 6-5 所示。

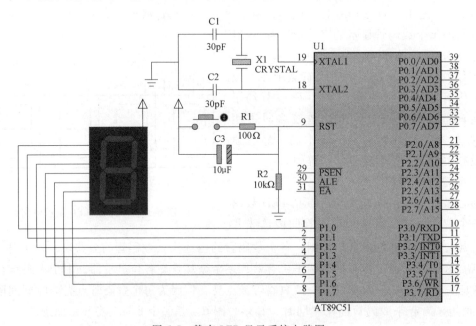

图 6-5　静态 LED 显示系统电路图

（4）程序流程图设计　静态 LED 显示程序流程图设计如图 6-6 所示。

（5）源程序设计

```
        ORG   0000H
MAIN：MOV   P1，#0FFH
        MOV   R0，#14H
        MOV   TMOD，#01H
        MOV   TH0，#3CH
        MOV   TL0，#0B0H
        SETB  TR0
```

```
   LOOP： MOV    DPTR，#TABLE
   LOOP1： MOV    A，#00H
          MOVC   A，@ A+DPTR
          MOV    P1，A
          LCALL  DELAY
          INC    DPTR
          CJNE   A，#90H，LOOP1
          SJMP   LOOP
   TABLE： DB     0F9H，0A4H，0B0H，99H，92H，82H，0F8H，80H，90H
   DELAY： JNB    TF0，DELAY
          CLR    TF0
          MOV    TH0，#3CH
          MOV    TL0，#0B0H
          DJNZ   R0，DELAY
          MOV    R0，#14H
          MOV    TH0，#3CH
          MOV    TL0，#0B0H
          RET
          END
```

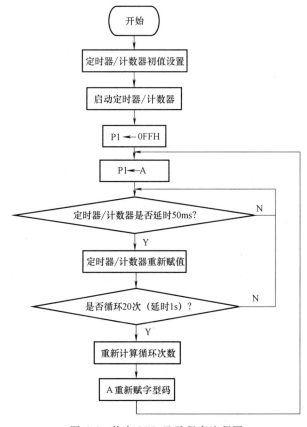

图 6-6　静态 LED 显示程序流程图

（6）在 Keil 中调试与仿真　创建"静态 LED"项目，并选择单片机型号为 AT89C51。输入汇编源程序，保存为"静态 LED. ASM"。将源程序"静态 LED. ASM"添加到项目中。编译源程序，并创建了"静态 LED. HEX"。

（7）在 Proteus 中仿真　打开"静态 LED. DSN"，左键双击 AT89C51 单片机，在"Program File"项中，选择在 Keil 中生成的十六进制文件"静态 LED. HEX"。

单击按钮　▶　进行程序运行状态，观看运行结果，如图 6-7 所示。

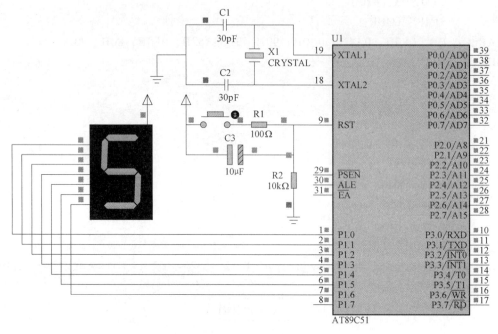

图 6-7　运行结果图

设计二：

（1）设计要求　六位共阳极数码管动态从左到右依次显示数字 1~6，要求视觉无闪烁，P1 口输出位选信号，P2 口输出段选信号

（2）系统分析　根据设计要求分析，系统所需元器件：单片机 AT89C51、瓷片电容 CAP 30pF、晶振 CRYSTAL 12MHz、电阻 RES、按钮 BUTTON、电解电容 CAP-ELEC、6 位共阳极数码管 7SEG-MPX6-CA。

（3）系统原理图设计　动态 LED 显示系统电路图如图 6-8 所示。

（4）程序流程图设计　动态 LED 显示程序流程图设计如图 6-9 所示。

（5）源程序设计

```
        ORG   0000H
MAIN:   MOV   P2, #0FFH
        MOV   P1, #0FFH
LOOP:   MOV   R0, #00H
LOOP1:  MOV   DPTR, #TABLE
        MOV   A, R0
```

```
        MOVC   A，@ A+DPTR
        MOV   P1，A
        MOV   DPTR，#TABLE1
        MOV   A，R0
        MOVC   A，@ A+DPTR
        MOV   P2，A
        INC   R0
        LCALL   DELAY
        CJNE   A，#82H，LOOP1
        SJMP   LOOP
  TABLE：DB   01H，02H，04H，08H，10H，20H
 TABLE1：DB   0F9H，0A4H，0B0H，99H，92H，82H
 DELAY：MOV   R7，#20H
 DELAY2：MOV   R6，#20H
        DJNZ   R6，$
        DJNZ   R7，DELAY2
        RET
        END
```

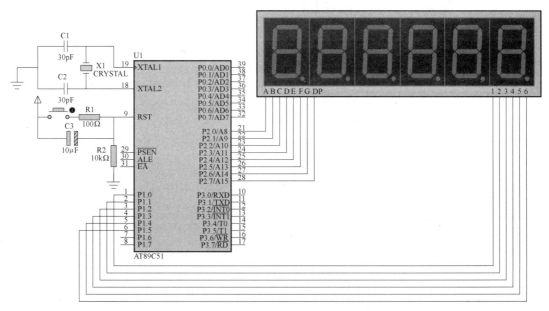

图 6-8　动态 LED 显示系统电路图

（6）在 Keil 中调试与仿真　创建"动态 LED"项目，并选择单片机型号为 AT89C51。输入汇编源程序，保存为"动态 LED. ASM"。将源程序"动态 LED. ASM"添加到项目中。编译源程序，并创建了"动态 LED. HEX"。

（7）在 Proteus 中仿真　打开"动态 LED. DSN"，左键双击 AT89C51 单片机，在"Program File"项中，选择在 Keil 中生成的十六进制文件"动态 LED. HEX"。

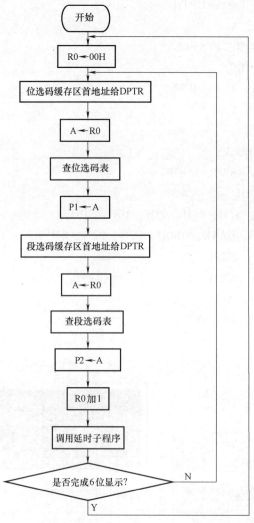

图 6-9　动态 LED 显示程序流程图

单击按钮 ▶ 进行程序运行状态，观看运行结果，如图 6-10 所示。

6.1.3　液晶显示技术

在单片机应用系统中，LCD 液晶显示器因具有微功耗、小体积、使用灵活等优点而得到广泛应用。LCD 可分为笔段型、点阵字符型和点阵图符型。各类型都有与之配套的控制、驱动芯片。这里介绍点阵字符型（简称"字符型"）LCD 液晶显示器。

1. 字符型 LCD 液晶显示器

字符型 LCD 液晶显示器是专用于显示字母、数字、符号等的点阵式 LCD。它们多与 HD44780 控制驱动器集成在一起，构成字符型 LCD 液晶显示模块，用 LCM（Liquid Crystal Display Module）表示，有 16×1、16×2、20×2、40×2 等产品。图 6-11 所示的是 16×2（可显示两行 16 个字符）的 1602 型字符液晶模块 JM1602C LCM 实物照片。

2. 液晶显示模块 LCM

液晶显示模块 LCM 由字符型 LCD 液晶显示器和 HD44780 控制驱动器构成。HD44780 由

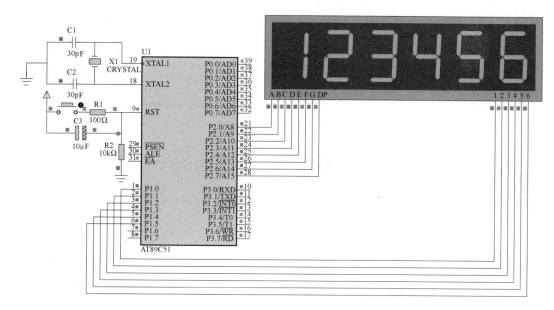

图 6-10　运行结果图

DDRAM、CGROM、IR、DR、BF、AC 等大规模集成电路组成, 具有简单且功能较强的指令集, 可实现字符移动、闪烁等显示效果。

（1）引脚定义　JM 1602 共 16 个引脚, 但是编程用到的主要引脚只有三个, 分别为 RS（数据命令选择端）、R/$\overline{\text{W}}$（读写选择端）、E（使能信号端）, 以后编程便主要围绕这三个引脚展开

图 6-11　JM1602C LCM 实物照片

进行初始化、写命令、写数据。RS 为寄存器选择, 高电平选择数据寄存器, 低电平选择指令寄存器; R/$\overline{\text{W}}$ 为读写选择, 高电平进行读操作, 低电平进行写操作; E 端为使能端, 后面和时序联系在一起。除此之外, D0～D7 分别为 8 位双向数据线, BLA 为背光源正极, BLK 为背光源负极。

字符型 LCM 16 条引脚线定义如表 6-2 所示。

表 6-2　字符型 LCM 引脚功能

引脚	符号	功能说明		
1	GND	接地		
2	VCC	+5V		
3	V1	显示字符的明暗对比。接一个可变电阻, 调整输入电压。通常为得到最大的明暗对比, 直接将此脚接地		
4	RS	寄存器选择	0	指令寄存器 IR（WRITE）
				Busy Flag, 地址计数器（READ）
			1	数据寄存器 DR（WRITE, READ）
5	R/$\overline{\text{W}}$	READ:1; WRITE:0		

（续）

引脚	符号	功 能 说 明	
6	E	读/写使能（下降沿使能）	
7	DB0	数据总线 以 8 位数据读/写方式， DB0~DB7 均有效； 若以 4 位数据读/写，则仅 高 4 位有效，低 4 位悬空不接	低 4 位三态，双向数据总线
8	DB1		
9	DB2		
10	DB3		
11	DB4		高 4 位三态，双向数据总线 另外，DB7 为忙碌 BF 标志位
12	DB5		
13	DB6		
14	DB7		
15	BLA	背光源正极	
16	BLK	背光源负极	

（2）数据显示 RAM：DDRAM　数据显示 RAM（Data Display RAM，DDRAM）用以存放要显示的字符码，只要将标准的 ASCII 码放入 DDRAM 中，内部控制线路就会自动将数据传送到显示器上，并显示出该 ASCII 码对应的字符。

（3）指令寄存器 IR、数据寄存器 DR　LCD 内有两个寄存器：一个是指令寄存器（Instruction Register，IR），另一个是数据寄存器（Data Register，DR）。IR 用来存放由 CPU 送来的指令代码，如光标复位、清屏、CGRAM、DDRAM 地址信息等；DR 则用来存放要显示的数据。字符型 LCD 寄存器选择如表 6-3 所示。

表 6-3　字符型 LCD 寄存器选择

RS	R/$\overline{\text{W}}$	操 作 说 明
0	0	写入指令寄存器
0	1	读 Busy Flag（DB7）及地址计数器 AC（DB0~DB6）
1	0	写入数据寄存器 DR
1	1	从数据寄存器 DR 读取数据

（4）忙碌标志 BF　当 BF=1 时，LCM 正忙于处理内部数据，执行完当前指令后，系统会自动清除 BF。写指令前必须先检查 BF 标志，当 BF=0 时，才可将指令写入 LCM 控制器。

（5）显示器地址

1）地址计数器 AC。AC 根据指令对 DDRAM 或 CGRAM 指派地址。当指令地址写入 IR 时，地址信息也由 IR 送入 AC 中。执行将数据写入 DDRAM 或 CGRAM（或由此读出）命令后，AC 的内容会自动加 1 或减 1。当读命令寄存器 IR 时（RS=0、R/$\overline{\text{W}}$=1），AC 的内容输出到 DB0~DB6。由此得到当前字符显示地址，判断是否需要执行。

2）字符在 LCD 上的显示地址如表 6-4 所示。DB7=1（DB6~DB0），第一行为 80H、81H、…、8FH，第二行为 C0H、C1H、…、CFH。

表 6-4 字符在 LCD 上的显示地址

	DB7	DB6	DB5	DB4	DB3	DB2	DB1	DB0
第一行	1	0	×	×	×	×	×	×
第二行	1	1	×	×	×	×	×	×

（6）LCD 字库 HD44789 内置了 192 个常用字符，存于字符产生器 CGROM（Character Generator ROM）中。另外，还有由用户自定义的字符产生 RAM，称为 CGRAM（Character Generator RAM）。用户可以通过编程将字符图案写入 CGRAM 中，可写 8 个 5×8 点阵或 4 个 5×10 点阵的字符图案。

字库中的 0x00～0x0F 为用户自定义 CGRAM，0x20～0x7F 为标准的 ASCII 码，0xA0～0xFF 为日文字符和希腊字符，其余字符码（0x10～0x1F 及 0x80～0x9F）没有定义。

（7）指令组表 表 6-5 列出了 LCM 指令组表，说明如下：

1）清除显示屏，即将 20H（空格的 ASCII 码）填入所有的 DDRAM，使 LCD 显示器全部清除，地址计数器清零，光标移到原点。

2）光标回原点（屏幕左上角），DDRAM 中的数据库不变。

3）CGRAM 地址设定。此命令用来设定 CGRAM 地址，由 A5～A0 位决定，范围为 0～3FH。地址存放在地址计数器 AC 中。写入本指令后，随后必须是数据写入/读取 CGRAM 的指令。

4）DDRAM 地址设定。由 A6～A0 来决定地址，并存放于 AC 中，写入本指令后，随后必须是数据写入/读取 DDRAM 的指令。

5）读取 BF 地址计数器。读取数据前可检查 BF，BF＝1，不可存取 LCD，直到 BF＝0。而地址计数器的内容则为 DDRAM 或 CGRAM 的地址。

6）写入 CGRAM 或 DDRAM。在地址设定指令后，本指令把字符码写入 DDRAM 内，以便显示相应的字符，或把自创的字符码存入 CGRAM 中。

7）读取 CGRAM 或 DDRAM 中的数据。在地址设定指令后，用来读取 CGRAM 或 DDRAM 中的数据。

表 6-5 LCM 指令组表

指令说明	指令码									
	RS	R/$\overline{\text{W}}$	D7	D6	D5	D4	D3	D2	D1	D0
清屏，光标回至左上角	0	0	0	0	0	0	0	0	0	1
光标回原点，屏幕不变	0	0	0	0	0	0	0	0	1	×
进入模式设定： 设定读/写 1 字节后，光标 移动方向（I/$\overline{\text{D}}$）及 是否要移位显示（S）	0	0	0	0	0	0	0	1	I/$\overline{\text{D}}$	S
	I/$\overline{\text{D}}$＝1（或 0）：当读（或写）一个字符后，地址指针加 1（减 1），光标也加 1（减 1）。S＝1：当写一个字符后，整个屏幕左移（I/$\overline{\text{D}}$＝1）或右移（I/$\overline{\text{D}}$＝0），以得到光标不移动而屏幕移动的效果。S＝0：当写一个字符时，屏幕不移动									
显示屏开/关	0	0	0	0	0	0	1	D	C	B
	D＝1：开显示屏；D＝0：关显示屏，数据仍保留在 DDRAM 中 C＝1：开光标显示；C＝0：关闭光标 B＝1：光标所在位置的字符闪烁；B＝0：字符不闪烁									

（续）

指令说明	指　令　码								
	RS	R/$\overline{\text{W}}$	D7	D6	D5	D4	D3	D2	D1	D0
移位： 移动光标位置或令显示屏 移动	0	0	0	0	0	1	S/C	R/L	×	×
	不读/写数据的情况下，(不影响 DDRAM 数据) S/C=1：显示屏移动，S/C=0：光标移动 R/L=1：右移，R/L=0：左移								
功能设定： 设定数据库长度与 显示格式	0	0	0	0	1	DL	N	F	×	×
	DL=1：数据长度为 8 位；DL=0：数据长度为 4 位 N=1：两行显示；N=0：一行显示 F=1：5×10 字形；F=0：5×7 字形								
CGRAM 地址设定	0	0	0	1	CGRAM 地址				
DDRAM 地址设定	0	0	1	DDRAM 地址					
忙 BF/地址计数器	0	1	BF	地址计数器内容					
写入数据	1	0	写入数据						
读取数据	1	1	读出数据						

3. LCD1602 程序编写流程

LCD1602 在了解完以上信息后便可以编写，这里把程序分为以下几步：

1）定义 LCD1602 引脚，包括 RS、R/$\overline{\text{W}}$、E。这里定义是指这些引脚分别接在单片机哪些 I/O 口上，并将 RS、R/$\overline{\text{W}}$、E 分别置 1。

2）显示初始化，在这一步进行初始化及设置显示模式等操作，包括以下步骤：

① 设置显示方式

② 延时

③ 清理显示缓存

④ 设置显示模式

3）设置显示地址（写显示字符的位置）。

4）写显示字符的数据。

6.1.4　液晶应用设计

（1）设计要求　设计一个液晶显示系统，编写程序，在液晶屏上显示：

1）"welcome" "Glad to see you"。

2）"2016 年 11 月 23 日"

（2）系统分析　根据设计要求分析，系统所需元器件：单片机 AT89C51、瓷片电容 CAP 30pF、晶振 CRYSTAL 12MHz、电阻 RES、按钮 BUTTON、电解电容 CAP-ELEC、液晶 LM016L。

（3）系统原理图设计　液晶显示原理图如图 6-12 所示。

（4）程序流程图设计　液晶显示程序流程图设计如图 6-13 所示。

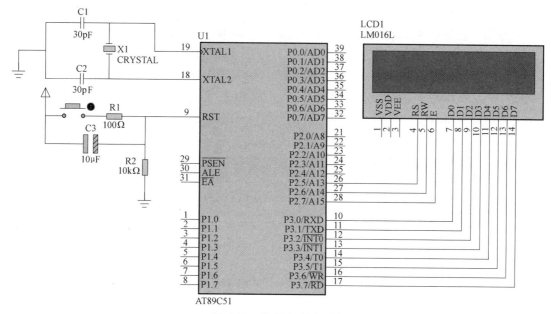

图 6-12 液晶显示原理图

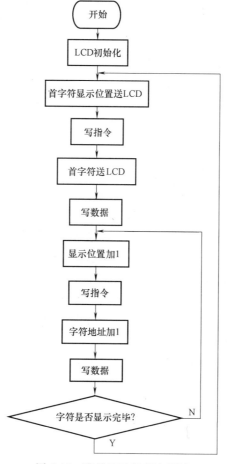

图 6-13 液晶显示程序流程图

（5）源程序设计

; 在第一行显示 Welcoming！，在第二行显示 Glad to see you！

```
            RS      BIT     P2.5        ; 指令数据选择
            RWB     IT      P2.6        ; 读/写操作选择
            EN      BIT     P2.7        ; 使能
            LCD     EQU     P3
            ORG     0000H
            LJMP    MAIN
            ORG     0030H
MAIN：      MOV  LCD, #01H              ; 清屏显示指令
            ACALL   ENABLE             ; 写指令
            MOV  LCD, #38H              ; 显示模式
            ACALL   ENABLE
            MOV  LCD, #0CH              ; 开显示, 不显示光标, 不闪烁
            ACALL   ENABLE
            MOV  LCD, #06H              ; 地址指针加一命令
            ACALL   ENABLE
LOOP：      MOV  LCD, #80H              ; 第一行显示位置
            ACALL   ENABLE             ; 写指令
            MOV  DPTR, #TAB1
            ACALL   WRITE              ; 写数据
            MOV  LCD, #0C0H            ; 第二行显示位置
            ACALL   ENABLE
            MOV  DPTR, #TAB2
            ACALL   WRITE
            SJMP  LOOP
ENABLE：                               ; 写指令子程序
            CLR     RS                 ; 选择指令寄存器
            CLR     RW                 ; 选择写模式
            SETB    EN                 ; 允许写 LCD
            ACALL  DELAY               ; 调用延时子程序
            CLR     EN                 ; 禁止写 LCD
            RET
WRITE：     MOV  R1, #00H
    A1：    MOV  A, R1
            MOVC  A, @A+DPTR
            LCALL  WRITE1
            INC  R1
            CJNE  A, #00H, A1
```

```
           RET
WRITE1： MOV   LCD，A              ；写数据子程序
         SETB   RS                 ；选择数据寄存器
         CLR    RW                 ；选择写模式
         SETB   EN                 ；允许写 LCD
         ACALL  DELAY              ；调用延时子程序
         CLR    EN                 ；禁止写 LCD
         RET
DELAY： MOV   R6，#0FFH            ；延时子程序
 DEL1： MOV   R7，#0FH
 DEL2： DJNZ  R7，DEL2
         DJNZ  R6，DEL1
         RET
 TAB1： DB " Welcoming !"，00
 TAB2： DB " Glad to see you !"，00
         SJMP  $
         END
；在第一行显示 2016 年 11 月 23 日
         RS     BIT    P2.5        ；指令数据选择
         RW     BIT    P2.6        ；读/写操作选择
         EN     BIT    P2.7        ；使能
         LCD    EQU    P3
         ORG   0000H
         LJMP  MAIN
         ORG   0030H
 MAIN： MOV   LCD，#01H           ；清屏显示指令
         ACALL                ENABLE
         MOV   LCD，#38H           ；显示模式
         ACALL                ENABLE
         MOV   LCD，#0CH           ；开显示，不显示光标，不闪烁
         ACALL                ENABLE
         MOV   LCD，#06H           ；地址指针加一命令
         ACALL                ENABLE
         MOV   LCD，#40H           ；字定义第一个字符显示命令，第一个字符
                                      地址 40H~47H，共 64 个字节，8 个字符
         ACALL                ENABLE
         MOV   R0，#24             ；40H 开始写多少个数据
         MOV   30H，#00
LOOP3： MOV   DPTR，#TAB1         ；写 DGRAM
```

```
            MOV   A, 30H
            MOVC  A, @ A+DPTR
            MOV   LCD, A
            ACALL  WRITE
            INC   30H
            DJNZ  R0, LOOP3
            MOV   LCD, #80H          ; 显示位置
            ACALL  ENABLE
            MOV   DPTR, #TAB2
            ACALL  WRITE1
            MOV   LCD, #84H          ; 显示位置
            ACALL  ENABLE
            MOV   LCD, #00H          ; 显示第一个自定义字符, 共可以显示 8 个,
                                       00H~07H

            ACALL  WRITE
            MOV   DPTR, #TAB3
            ACALL  WRITE1
            MOV   LCD, #87H          ; 显示位置
            ACALL  ENABLE
            MOV   LCD, #01H
            ACALL  WRITE
            MOV   DPTR, #TAB4
            ACALL  WRITE1
            MOV   LCD, #8AH          ; 显示位置
            ACALL  ENABLE
            MOV   LCD, #02H
            ACALL  WRITE
            SJMP  $
WRITE1:     MOV   R1, #00H
    A1:     MOV   A, R1
            MOVC  A, @ A+DPTR
            LCALL  WRITE2
            INC   R1
            CJNE  A, #00H, A1
            RET
WRITE2:     MOV   LCD, A
            SETB  RS                 ; 选择数据寄存器
            CLR   RW                 ; 选择写模式
```

```
                SETB    EN                  ; 允许写 LCD
                ACALL   DELAY               ; 调用延时子程序
                CLR     EN                  ; 禁止写 LCD
                RET
    ENABLE:                                 ; 写指令子程序
                ACALL   DELAY               ; 调用延时子程序
                CLR     RS                  ; 选择指令寄存器
                CLR     RW                  ; 选择写模式
                SETB    EN                  ; 允许写 LCD
                ACALL   DELAY               ; 调用延时子程序
                CLR     EN                  ; 禁止写 LCD
                RET
    WRITE:                                  ; 写数据子程序
                ACALL   DELAY               ; 调用延时子程序
                SETB    RS                  ; 选择数据寄存器
                CLR     RW                  ; 选择写模式
                SETB    EN                  ; 允许写 LCD
                ACALL   DELAY               ; 调用延时子程序
                CLR     EN                  ; 禁止写 LCD
                RET
    DELAY:      MOV     R6, #0FFH           ; 延时子程序
    DEL1:       MOV     R7, #0FH
    DEL2:       DJNZ    R7, DEL2
                DJNZ    R6, DEL1
                RET
    TAB1:       DB 04H, 0FH, 10H, 0FH, 0AH, 1FH, 02H, 00H, 0FH, 09H, 0FH, 09H, 0FH
                DB 09H, 11H, 00H, 1EH, 12H, 12H, 1EH, 12H, 12H, 1EH
    TAB2:       DB " 2016", 00
    TAB3:       DB " 11", 00
    TAB4:       DB " 23", 00
                END
```

（6）在 Keil 中调试与仿真　创建 "LCD 显示" 项目，并选择单片机型号为 AT89C51。输入汇编源程序，保存为 "LCD 显示 . ASM"。将源程序 "LCD 显示 . ASM" 添加到项目中。编译源程序，并创建了 "LCD 显示 . HEX"。

（7）在 Proteus 中仿真　打开 "LCD 显示 . DSN"，左键双击 AT89C51 单片机，在 "Program File" 项中，选择在 Keil 中生成的十六进制文件 "LCD 显示 . HEX"。

单击按钮 ▶ 进行程序运行状态，观察运行结果，如图 6-14 所示。

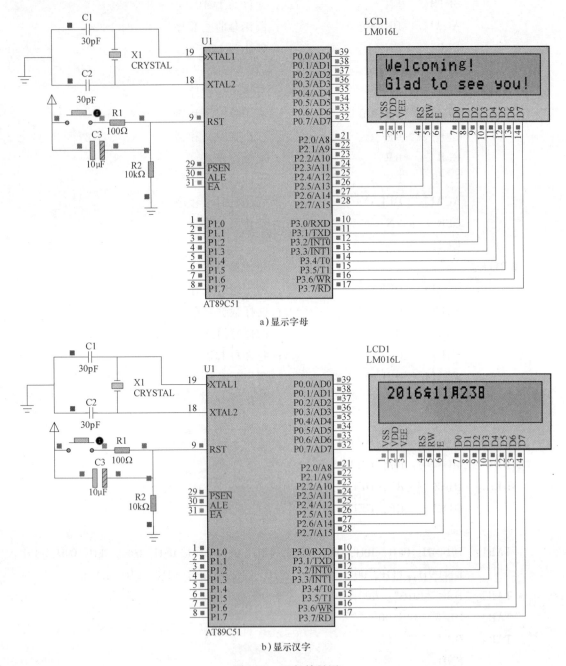

a) 显示字母

b) 显示汉字

图 6-14 运行结果图

6.2 键盘接口

键盘是计算机系统中最常用的输入设备，对于一些需要人工干预的单片机应用系统，键盘成为人机交互的必要手段。键盘由以某种阵列方式排列的一组按压式按键开关组成，当操作者按下某个按键时，计算机要执行对应的一种特定的操作。键盘按键的数量视具体需要而定，一般包括数字键、字母键、符号键和控制功能键。

6.2.1 键盘的工作原理

1. 按键的分类

按键按照结构原理可分为两类：一类是触点式开关按键，如机械开关、导电橡胶开关等；另一类是无触点式开关按键，如电气式按键、磁感应按键等。因为触点式开关按键价格低，所以在单片机应用系统的键盘大都采用机械式按键。

2. 键输入原理

键盘的按键都是以其状态来设置控制功能或输入数据的。当某个键按下时，计算机应用系统应完成对按键的识别及所设定的功能。键盘通过接口电路与 CPU 相连，CPU 可以通过查询或中断方式了解有无按键动作，并检查是哪一个按键按下，并将该键号送入累加器 ACC 中，然后通过跳转指令转入执行该键的功能程序，执行完毕后再返回主程序。

3. 键抖动和消抖方法

机械式按键在按下或释放时，由于机械弹性作用的影响，通常伴随较短时间的触点机械抖动，抖动的时间长短与开关的机械特性有关，一般为 5～10ms，把这种现象称为键抖动。在理想状态和实际状态下按键产生的电压波形如图 6-15 所示。

键抖动的存在，使按键的一次操作会被错误地认为是多次操作，造成键识别的错误，所以要采取一些方法来消除抖动。消除抖动有硬件和软件两种方法。硬件消抖是利用单稳态电路或 RS 触发器，从根本上避免电压抖动的产生；软件消抖是在按键的按下和释放时采用软件延时的方法来消除抖动的影响。单片机应用系统一般采用软件方法，大约延时 10～20ms。

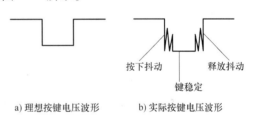

a) 理想按键电压波形　　b) 实际按键电压波形

图 6-15 按键电压波形图

4. 键码识别

键码识别就是判别是哪一个按键按下闭合。常用的方法有两种：一种是用专用硬件电路来识别，把这种键盘称为编码键盘；另一种是用软件方法来识别，把这种键盘称为非编码键盘。单片机系统常采用非编码键盘。键码的识别可以采用随机扫描、定时扫描或中断扫描方式来完成。

5. 编制键盘程序

一个完整的键盘控制程序应具备以下功能：

1）检测有无按键按下，并消除按键抖动的影响。

2）有可靠的逻辑处理办法。每次只处理一个按键，其间任意其他按键的操作对系统不产生影响，且无论一次按下时间有多长，系统仅执行一次按键功能程序。

3）准确输出按键值，以满足跳转指令的要求。

6.2.2 独立式键盘

图 6-16 就是通过 8031 单片机门口构成的具有 8 个按键的独立式键盘。从图 6-16 中可以

看出，每一个按键连接一根 I/O 口线，各个按键之间彼此相互独立。当某一按键按下时，它所对应的 I/O 口线的电平变成低电平，读入单片机的值就是逻辑 0，表示按键闭合；若无按键按下，则所有的 I/O 口线都是高电平。

独立式键盘电路设计简单，但如果按键数量较多，它所占用的 I/O 口线也增加。受单片机 I/O 口线数量的限制，该类键盘适用于按键数目较少的单片机应用系统中。

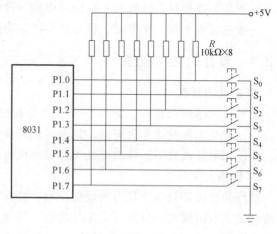

图 6-16　独立式键盘

6.2.3　独立键盘应用设计

（1）设计要求　8 个按键控制 8 个发光二极管，每个按键按下，相应的发光二极管发光。

（2）系统分析　根据设计要求分析，系统所需元器件：单片机 AT89C51、瓷片电容 CAP 30pF、晶振 CRYSTAL 12MHz、电阻 RES、按钮 BUTTON、电解电容 CAP-ELEC、发光二极管 LED-BIBY。

（3）系统原理图设计　独立键盘原理图如图 6-17 所示。

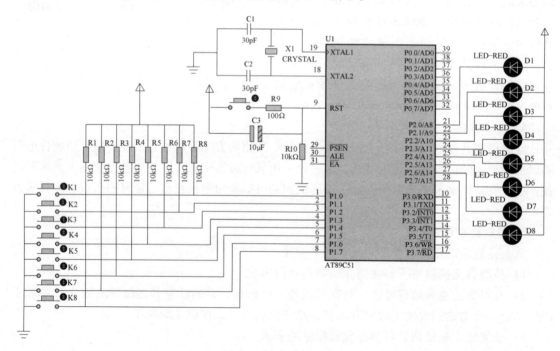

图 6-17　独立键盘原理图

（4）程序流程图设计　独立键盘程序流程图设计如图 6-18 所示。

（5）源程序设计

```
          ORG   0000H
    KB:   MOV   A, #0FFH        ; P1 口为输入口
          MOV   A, P1
          CPL   A
          JZ    KB
          ACALL DELAY
          MOV   A, P1
          CPL   A
          JZ    KB
          CJNE  A, #01H, K1
          MOV   P2, #0FEH        ; K1 闭合
          SJMP  KB
    K1:   CJNE  A, #02H, K2
          MOV   P2, #0FDH        ; K2 闭合
          SJMP  KB
    K2:   CJNE  A, #04H, K3
          MOV   P2, #0FBH        ; K3 闭合
          SJMP  KB
    K3:   CJNE  A, #08H, K4
          MOV   P2, #0F7H        ; K4 闭合
          SJMP  KB
    K4:   CJNE  A, #10H, K5
          MOV   P2, #0EFH        ; K5 闭合
          SJMP  KB
    K5:   CJNE  A, #20H, K6
          MOV   P2, #0DFH        ; K6 闭合
          SJMP  KB
    K6:   CJNE  A, #40H, K7
          MOV   P2, #0BFH        ; K7 闭合
          SJMP  KB
    K7:   CJNE  A, #80H, KB
          MOV   P2, #07FH        ; K8 闭合
          SJMP  KB
  DELAY:  MOV   R7, #0FFH
  DELAY2: MOV   R6, #0FFH
          DJNZ  R6, $
```

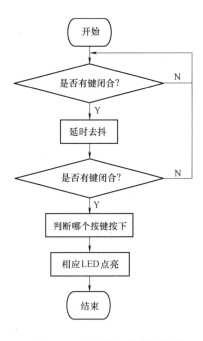

图 6-18　独立键盘程序流程图

```
        DJNZ   R7，DELAY2
        RET
        END
```

（6）在 Keil 中调试与仿真 创建"独立键盘"项目，并选择单片机型号为 AT89C51。输入汇编源程序，保存为"独立键盘.ASM"。将源程序"独立键盘.ASM"添加到项目中。编译源程序，并创建了"独立键盘.HEX"。

（7）在 Proteus 中仿真 打开"独立键盘.DSN"，左键双击 AT89C51 单片机，在"Program File"项中，选择在 Keil 中生成的十六进制文件"独立键盘.HEX"。

单击按钮 ▶ 进行程序运行状态，观察运行结果。

6.2.4 矩阵式键盘

当键盘所需按键较多时，为了减少键盘电路占用系统的 I/O 口线的数目，可以采用矩阵式键盘形式。

1. 矩阵式键盘的结构

矩阵式键盘由行线和列线组成，按键位于行、列的交叉点上。对于 m 行 n 列结构的键盘，可产生 m×n 个键位。图 6-19 所示为 4×4 矩阵式键盘接口电路。图中由 P1.4~P1.7 构成的列线通过上拉电阻接到十5V 电源上；由 P1.0~P1.3 构成行线，产生的 16 个交叉点放置 16 个按键，就构成了 4×4 矩阵式键盘。

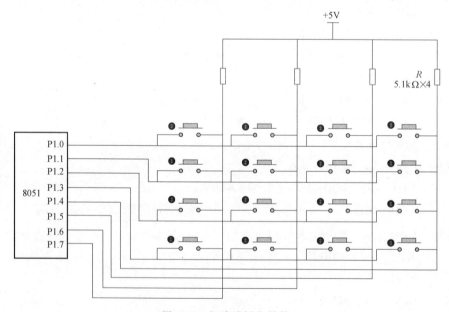

图 6-19 矩阵式键盘结构

在键盘处理程序中，首先确定是否有键按下，如果有键按下，再识别是哪个键被按下。通常采用扫描法进行识别。下面以图 6-19 所示 4×4 矩阵式键盘为例，介绍其工作原理。

1）使行线 P1.0~P1.3 口线输出都为 0，来检测列线 P1.4~P1.7 口线的电平。如果列线电平全部为高，说明没有键被按下，就返回继续扫描。如果列线上的电平不全为高，则表示有键被按下。

2）如果有键闭合，再进行逐行扫描，找出闭合键的键号。先使 P1.0 = 0，P1.1 ~ P1.3 为 1，检测各列线上的电平，如 P1.4 = 0，表示 1 号键被按下。同理，通过逐行扫描：最终找到被按下的键。

2．矩阵式键盘扫描方式

实现对键盘的扫描，主要有程序扫描、定时扫描和中断扫描三种方式。

1）程序扫描方式。CPU 执行键盘扫描程序，反复地扫描键盘，以确定有无按键按下，然后根据按键功能转去执行相应的程序。

2）定时扫描方式。在初始化程序中对定时器/计数器进行编程，使之产生 10 ms 的定时中断。在 CPU 响应定时中断时，执行中断服务程序对键盘扫描一遍，以确定有无按键按下。

3）中断扫描方式。当键盘上任一按键按下时，发出中断请求。CPU 响应中断，执行中断服务程序来判断所按下的键，并做出相应的处理。

6.2.5　矩阵式键盘应用设计

（1）设计要求　16 个按键构成矩阵键盘，每个按键按下，分别控制数码管显示 0 ~ F。

（2）系统分析　根据设计要求分析，系统所需元器件：单片机 AT89C51、瓷片电容 CAP 30pF、晶振 CRYSTAL 12MHz、电阻 RES、按钮 BUTTON、电解电容 CAP-ELEC、数码管 7SEG-COM-ANODE。

（3）系统原理图设计　矩阵键盘原理图如图 6-20 所示。

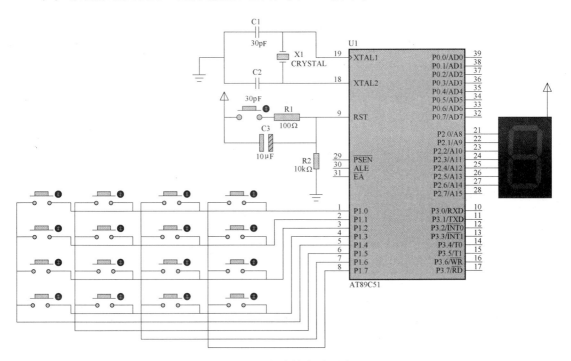

图 6-20　矩阵键盘原理图

（4）程序流程图设计　矩阵键盘程序主程序和中断子程序流程图设计如图 6-21 所示。

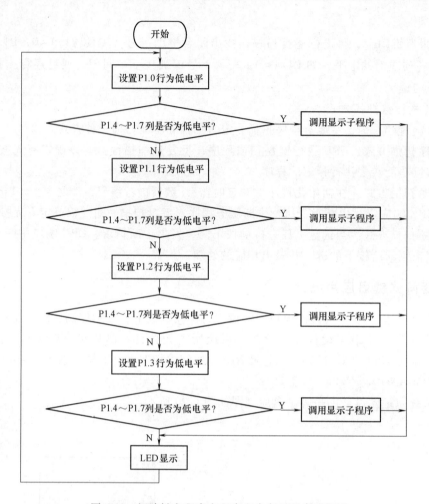

图 6-21　矩阵键盘程序主程序和中断子程序流程图

（5）源程序设计

```
        ORG   0000H
        AJMP  MAIN
        ORG   0100H
MAIN：MOV  P2, #00H
KEY0：MOV  P1, #0FEH
        JNB   P1.4, K0
        JNB   P1.5, K1
        JNB   P1.6, K2
        JNB   P1.7, K3
        MOV   P1, #0FDH
        JNB   P1.4, K4
        JNB   P1.5, K5
        JNB   P1.6, K6
```

```
        JNB   P1.7, K7
        MOV   P1, #0FBH
        JNB   P1.4, K8
        JNB   P1.5, K9
        JNB   P1.6, K10
        JNB   P1.7, K11
        MOV   P1, #0F7H
        JNB   P1.4, K12
        JNB   P1.5, K13
        JNB   P1.6, K14
        JNB   P1.7, K15
        AJMP  KEY0
K0：   MOV   P2, #0C0H ; 0
        AJMP  KEY0
K1：   MOV   P2, #0F9H ; 1
        AJMP  KEY0
K2：   MOV   P2, #0A4H ; 2
        AJMP  KEY0
K3：   MOV   P2, #0B0H ; 3
        AJMP  KEY0
K4：   MOV   P2, #099H ; 4
        AJMP  KEY0
K5：   MOV   P2, #092H ; 5
        AJMP  KEY0
K6：   MOV   P2, #082H ; 6
        AJMP  KEY0
K7：   MOV   P2, #0F8H ; 7
        AJMP  KEY0
K8：   MOV   P2, #080H ; 8
        AJMP  KEY0
K9：   MOV   P2, #090H ; 9
        AJMP  KEY0
K10：  MOV   P2, #088H ; A
        AJMP  KEY0
K11：  MOV   P2, #083H ; B
        AJMP  KEY0
K12：  MOV   P2, #0C6H ; C
        AJMP  KEY0
K13：  MOV   P2, #0A1H ; D
```

```
                AJMP   KEY0
    K14： MOV    P2，#086H ； E
                AJMP   KEY0
    K15： MOV    P2，#08EH ； F
                AJMP   KEY0
  YSH1S： MOV    R3，#05H
   LOOP： MOV    R4，#0A8H
  LOOP1： MOV    R5，#08AH
    XHD： DJNZ   R5，XHD
                DJNZ   R4，LOOP1
                DJNZ   R3，LOOP
                RET
                END
```

（6）在 Keil 中调试与仿真　创建"矩阵键盘"项目，并选择单片机型号为 AT89C51。输入汇编源程序，保存为"矩阵键盘.ASM"。将源程序"矩阵键盘.ASM"添加到项目中。编译源程序，并创建了"矩阵键盘.HEX"。

（7）在 Proteus 中仿真　打开"矩阵键盘.DSN"，左键双击 AT89C51 单片机，在"Program File"项中，选择在 Keil 中生成的十六进制文件"矩阵键盘.HEX"。

单击按钮 ▶ 进行程序运行状态，观察运行结果。

本 章 总 结

LED 数码管显示器按结构可分为共阴极和共阳极两种，数码管的控制方式分为静态和动态两种。

液晶显示器由于功耗低、抗干扰能力强等优点，成为各种便携式产品、仪器仪表以及工控产品的理想显示器。LCD 种类繁多，按显示形式及排列形状可分为字段型、点阵字符型、点阵图形型。单片机应用系统主要使用后两种。

键盘是单片机应用系统中最常用的输入设备，通过键盘输入数据或命令，可以实现简单的人机对话。键盘有编码键盘和非编码键盘。单片机应用系统中普遍采用非编码键盘。按照键开关的排列形式，可分为独立式非编码键盘和矩阵式非编码键盘。

习 　 题

6-1　分别画出共阴极和共阳极的 8 段 LED 电路连接图，并列出 A~F 字形码表。

6-2　采用单片机 P1 口驱动 1 个共阳极 8 段 LED 数码管，循环显示数字 0~9，设计硬件电路图和程序。

6-3　采用单片机 P1 和 P2 口控制两个共阳极 8 段 LED 数码管动态显示，设计硬件电路图和程序。

6-4　采用单片机的 P1 口驱动 8 个独立按键，P2 口驱动 1 个共阳极 8 段 LED 数码管，分别控制数码管显示数字 0~9，画出原理电路图，并编写程序。

6-5　采用单片机的 P1 口控制 4×4 行扫描键盘，P2、P3 口驱动 2 个共阳极 8 段 LED 数码管动态显示，实现按数字顺序排列的键值，有键按下时在数码管上显示相应的键值，设计硬件电路图，编写按键识别程序和数码管显示程序。

6-6　简述 LCD 显示器的工作原理。

6-7　设计一个字符型 LCD 模块与单片机的接口电路，要求显示 2 行，第一行显示英文字符串 "HAPPY EVERYDAY"，第二行显示中文字符 "日""月"，设计硬件电路图和程序。

第7章

MCS-51单片机串行通信

本章学习任务：

- 了解8051单片机串行接口的结构。
- 掌握8051单片机串行接口的使用方法，建立起计算机串行通信应用极为广泛的概念。
- 重点理解8051单片机串行口接收和发送数据的实现方法。
- 熟悉8051单片机串行通信的格式规定及串行通信的程序设计思路。

7.1 MCS-51 单片机串行接口

单片机在进行串行数据通信时要完成两个任务：一个是数据传送，另一个是数据转换。数据传送主要解决传送标准、格式及工作方式等问题。而数据转换是指数据的串/并转换或并/串转换，因为在计算机中使用的数据都是并行数据，因此在发送时，要把并行数据转换成串行数据；而在接收时，却要把接收到的串行数据转换成并行数据。

数据转换由串行接口电路实现，这种电路也称为通用异步接收发送器（UART）。它应包括发送器电路、接收器电路和控制电路等。其主要功能是：

1. 数据的串行化和数据的并行化

所谓串行化处理就是把并行数据格式变换为串行数据格式，即按帧格式要求把格式信息（起始位、奇偶位和停止位）插入与数据位一起构成串行的数据串，然后进行串行数据传送。在 UART 中，完成数据串行化的电路属于发送器。

所谓并行化就是把串行数据格式变换为并行数据格式，即把帧中的格式信息滤除而保留数据位。在 UART 中，实现数据并行化处理的电路属于接收器。

2. 错误校验

错误校验的目的是检验数据通信过程中是否正确。在串行通信中可能出现的错误包括奇偶错误和帧错误等。

80C51 单片机内部集成了 UART 电路，构成一个可编程的全双工串行通信接口，该串行口可用于网络通信、串行异步通信，也可作为串行同步移位寄存器使用。其帧格式可以为 8 位、10 位或 11 位，并可设置多种不同的波特率。通过引脚 RXD（P3.0串行数据接收引脚）和引脚 TXD（P3.1串行数据发送引脚）与外界进行通信。串行口中可供用户使用的是它内部的寄存器。

7.1.1　MCS-51 单片机串行接口的结构

MCS-51 单片机的串行接口主要由发送数据缓冲器、发送控制器、输出控制门、接收数据缓冲器、接收控制器、输入移位寄存器、波特率发生器 T1 等组成。基本结构如图 7-1 所示。

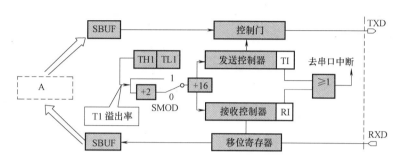

图 7-1　串行接口的基本结构

由图 7-1 看出，接收、发送缓冲器 SBUF 在物理上是独立的，因此可以进行全双工通信。虽然它们使用同一地址 99H，但发送缓冲器只能写入，不能读出，而接收缓冲器只能读出，不能写入。串行发送与接收的速率与移位时钟同步，定时器 T1 作为串行通信的波特率发生器，T1 的溢出率经 2 分频（或不分频）再经过 16 分频作为串行发送或接收的移位时钟，移位时钟的速率即波特率。

在接收时，串行数据通过引脚 RXD（P3.0）进入。经移位寄存器进入接收缓冲器 SBUF，再由 SBUF 把数据输出到片内数据总线上，构成了串行接收的双缓冲结构，以免在数据接收过程中出现下一帧数据到来时，前一帧数据还没有读完而丢失，即帧重叠错误。串行接口的发送和接收都是以特殊功能寄存器 SBUF 的名称进行读或写的，向 SBUF 发出"写"命令时，（CPU 执行一条"MOV　SBUF，A"指令），即向发送缓冲器 SBUF 输入数据，并由 TXD 引脚向外发送一帧数据，发送完成后，中断标志位置位，即 TI＝1；在串行接口接收中断标志 RI（SCON.0）＝0 的条件下，置允许接收标志位 REN（SCON.4）＝1 启动接收过程，一帧数据进入输入移位寄存器，并装载到接收缓冲器 SBUF 中，同时 RI＝1，执行读 SBUF 命令（即 CPU 执行"MOV A，SBUF"指令），则可以由接收缓冲器 SBUF 取出信息并通过内部总线送到 CPU。

在发送时，CPU 通过片内总线向发送缓冲器 SBUF 写入数据，串行数据再通过引脚 TXD（P3.1）送出。与接收数据的情况不同，发送数据时，由于 CPU 是主动的，不会发生帧重叠错误，因此发送电路就不需双重缓冲结构，这样可以提高数据发送速度。

7.1.2　串行接口的控制寄存器

与串行通信有关的控制寄存器共有 3 个：一是串行控制寄存器 SCON；二是电源控制寄存器 PCON；三是中断允许寄存器 IE。

1. 串行控制寄存器 SCON

SCON 是一个可位寻址的专用寄存器，用于串行数据通信的控制。单元地址为 98H，位地址为 9FH~98H。其各位的分配及位地址如下：

SCON	9FH	9EH	9DH	9CH	9BH	9AH	99H	98H
(98H)	SM0	SM1	SM2	REN	TB8	RB8	TI	RI

各位功能说明如下：

1）SM0、SM1：串行口工作方式选择位，可有 4 种工作方式选择，如表 7-1 所示。

表 7-1　串行接口的工作方式

SM0	SM1	工作方式	说　　明	波　特　率
0	0	0	8 位同步移位寄存器	$f_{osc}/12$
0	1	1	10 位异步收发器（8 位数据）	可变
1	0	2	11 位异步收发器（9 位数据）	$f_{osc}/64$ 或 $f_{osc}/32$
1	1	3	11 位异步收发器（9 位数据）	可变

方式 0 并不用于通信，而是通过外接移位寄存器芯片实现扩展并行 I/O 接口的功能。该方式又称为移位寄存器方式。方式 1、方式 2、方式 3 都是异步通信方式。方式 1 是 8 位异步通信接口。一帧信息由 10 位组成。方式 1 用于双机串行通信。方式 2、方式 3 都是 9 位异步通信接口、一帧信息中包括 9 位数据，1 位起始位，1 位停止位。方式 2、方式 3 的区别在于波特率不同，方式 2、方式 3 主要用于多机通信，也可用于双机通信。

2）SM2：多机通信控制位。因为多机通信是在方式 2 和方式 3 下进行，因此 SM2 主要用于方式 2 和方式 3。当串行口以方式 2 或方式 3 接收时，若 SM2 = 1，则只有当接收到的第 9 位数据（RB8）为"1"时，才能将接收到的前 8 位数据送入 SBUF，并置位 RI 产生中断请求；否则，将接收到的前 8 位数据丢弃。而当 SM2 = 0 时，则不论第 9 位数据为"0"还是为"1"，都将前 8 位数据装入 SBUF 中，并产生中断请求。在方式 0 和方式 1 时，SM2 置为"0"。

3）REN：允许接收位。REN = 0，禁止接收；REN = 1，允许接收，该位由软件置位或复位。

4）TB8：发送数据位。在方式 2 和方式 3 时，TB8 的内容是要发送的第 9 位数据，在双机通信时，TB8 一般作为奇偶校验位使用；在多机通信中，常以 TB8 的状态表示主机发送的是地址帧还是数据帧，且一般约定：TB8 = 0 为数据帧，TB8 = 1 为地址帧。事先用软件写入 1 或 0，在方式 0 和方式 1 下，这位未用。

5）RB8：接收数据位。在方式 2 或方式 3 下，由硬件将接收到的第九位数据存入 RB8。方式 1 中，置 SM2 = 0，停止位存入 RB8 复位后 SCON 的所有位清零。

6）TI：发送中断标志。在方式 0 下，当串行发送完第 8 位数据后或在其他方式下，于发送停止位之前，该位由硬件置位。因此 TI = 1，表示帧发送结束，其状态既可供软件查询使用，也可作中断请求。TI 位必须由软件清"0"。

7）RI：接收中断标志。在方式 0 下，当串行接收完第 8 位数据后或在其他方式下，当接收到停止位时，该位由硬件置位。因此 RI = 1，表示帧接收结束。其状态既可供软件查询使用，也可作中断请求。RI 位必须由软件清"0"。

2. 电源控制寄存器 PCON

PCON 主要是为 80C51 单片机（CHMOS 型）的电源控制而设置的专用寄存器（在

HMOS 型单片机中，该寄存器中除最高位 SMOD 之外，其他位都没有定义）。PCON 寄存器不能进行位寻址，因此表中没有 "位地址"。单元地址为 87H。其内容如下：

PCON	D7				D3	D2	D1	D0
(87H)	SMOD	—	—	—	GF1	GF0	PD	ID

　　PCON 中只有最高位 SMOD 与串行接口工作有关，SMOD 是串行口波特率的倍增位。在串行接口方式 1、方式 2 或方式 3 下，波特率与 SMOD 有关，当 SMOD = 1 时，串行口波特率提高一倍。系统复位时，SMOD = 0。

3. 中断允许寄存器 IE

　　这个寄存器在前面介绍过，其地址为 0A8H，位地址为 0AH～0A8H，内容及位地址如下：

IE	AFH			ACH	ABH	AAH	A9H	A8H
(A8H)	EAH	—	—	ES	ET1	EX1	ET0	EX0

　　其中 ES 为串行中断允许位。ES = 0，禁止串行中断；ES = 1，允许串行中断。

7.1.3　串行接口的工作方式

　　80C51 串行接口共有 4 种工作方式，由 SCON 中的 SM0、SM1 位进行设置。方式 0 和方式 2 的波特率是固定的，方式 1 和方式 3 的波特率是可变的，其值由定时器 T1 的溢出率控制。

1. 串行工作方式

　　在方式 0 下，把串行口作为同步移位寄存器使用，主要用于扩展并行输入或输出接口。数据由 RXD（P3.0）引脚输入或输出，同步移位脉冲由 TXD（P3.1）引脚输出提供。移位数据的发送和接收以 8 位为一帧，低位在前，高位在后。其格式为

……	D0	D1	D2	D3	D4	D5	D6	D7	……

　　数据发送与接收　使用方式 0 实现数据的移位输入或输出时，实际上是把串行口变为并行口使用。

　　1）方式 0 输出（发送）。串行口作为并行输出口使用时，要有 "串入并出" 的移位寄存器（例如 CD4094 或 74LS164、74HC164 等）配合，其电路连接如图 7-2 所示。

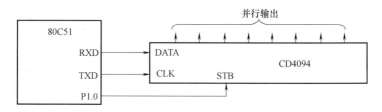

图 7-2　串行口与 CD4094 的配合

　　数据预先写入串行口数据缓冲寄存器，然后从串行口 RXD 端在移位时钟脉冲（TXD）的控制下逐位移入 CD4094。当 8 位数据全部移出后，SCON 寄存器的发送中断标志 TI 被自动置 1。其后主程序就可以以中断或查询的方法，通过设置 STB 状态的控制，把 CD4094 的内容并行输出。输出时序如图 7-3 所示。

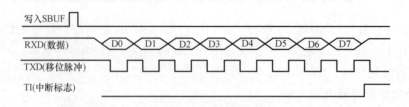

图 7-3　方式 0 的输出时序

　　2）方式 0 输入（接收）。把能实现"并入串出"功能的移位寄存器（例如 CD4014 或 74LS165、74HC165 等）与串行口配合使用，就可以把串行口变为并行输入口使用，如图 7-4 所示。

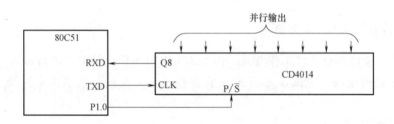

图 7-4　串行口与 CD4014 的配合

　　CD4014 移出的串行数据同样经 RXD 端串行输入，并由 TXD 端提供移位时钟脉冲。8 位数据串行接收需要有允许接收的控制。SCON 寄存器中的 REN 位是用于接收控制的。REN＝0，禁止接收；REN＝1，允许接收。当软件置 REN 时，即开始从 RXD 端输入数据（低位在前），当接收到 8 位数据时，置位接收中断标志 RI。输入时序如图 7-5 所示。

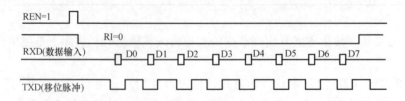

图 7-5　方式 0 的输入时序

　　在方式 0 下，移位操作（串入或串出）的波特率是固定的，为单片机晶振频率的 1/12，如晶振频率以 f_{osc} 表示，则：波特率＝f_{osc}/12。按此波特率计算，也就是一个机器周期进行一次移位，如 f_{osc}＝12MHz，则波特率为 1Mbit/s，即 1μs 移位一次。如 f_{osc}＝6MHz，则波特率为 500kbit/s，即 2μs 移位一次。

2. 串行工作方式 1

　　方式 1 是 10 位为一帧的异步通信方式。TXD 为数据发送引脚，RXD 为数据接收引脚，其帧的格式如图 7-6 所示，包括 1 位起始位、8 位数据位和 1 位停止位。

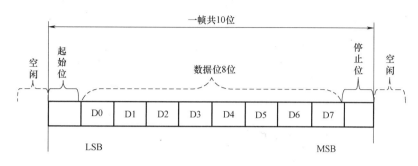

图 7-6　串行接口方式 1 的数据格式

（1）方式 1 发送（输出）　由一条写发送寄存器（SBUF）的指令开始。随后在串行口由硬件自动加入起始位和停止位，构成一个完整的帧格式，然后在移位脉冲的作用下，由 TXD 端串行输出。一个字符帧发送完后，使 TXD 输出线维持在 "1" 的状态下，并将 SCON 寄存器中的 TI 置 "1"，通知 CPU 可以接着发送下一个字符。其发送时序如图 7-7 所示。

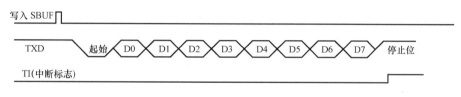

图 7-7　方式 1 的发送时序

（2）方式 1 接收（输入）　接收数据时，SCON 的 REN 位应处于允许接收状态（软件置 REN=1）。在此前提下，串行口以 16 倍波特率的速率采样 RXD 端，当采样到从 "1" 向 "0" 状态跳变时，就认定是接收到起始位。随后在移位脉冲的控制下，把接收到的数据位移入接收寄存器中。直到停止位到来之后置位中断标志 RI，通知 CPU 从 SBUF 中取走接收到的一个字符。接收时序如图 7-8 所示。

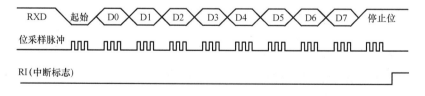

图 7-8　方式 1 的接收时序

3. 串行工作方式 2

方式 2 是 11 位为一帧的串行通信方式，即 1 个起始位、9 个数据位和 1 个停止位。其帧格式如图 7-9 所示。

字符还是 8 个数据位，只不过增加了第 9 个数据位（D8），而且其功能由用户确定，是一个可编程位。

（1）方式 2 发送（输出）　发送数据时，应预先在 SCON 中的 TB8 位中把第 9 个数据位的内容准备好，可使用如下指令完成：

图 7-9　串行接口方式 2 的数据格式

```
SETB    TB8              ; TB8 位置 "1"
CLR     TB8              ; TB8 位置 "0"
```

发送数据（D0~D7）由 MOV 指令向 SBUF 写入，而 D8 位的内容则由硬件电路从 TB8 中直接送到发送移位寄存器的第 9 位，并以此来启动串行发送。一个字符帧发送完毕后，将 TI 位置 "1"，其他过程与方式 1 相同。发送时序如图 7-10 所示。

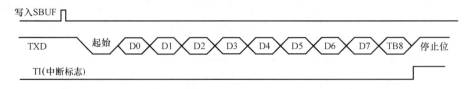

图 7-10　方式 2 的发送时序

（2）方式 2 接收（输入）　接收过程与方式 1 相似，所不同的只在第 9 数据位上，串行口把接收到的前 8 个数据位送入 SBUF，而把第 9 数据位送入 RB8。接收时序如图 7-11 所示。

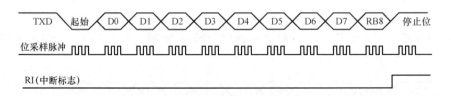

图 7-11　方式 2 的接收时序

方式 2 的波特率是固定的，且有两种。一种是晶振频率的 1/32；另一种是晶振频率的 1/64，即 $f_{osc}/32$ 和 $f_{osc}/64$。用公式表示则为

$$波特率 = \frac{2^{SMOD}}{64} \times f_{osc}$$

即与 PCON 寄存器中 SMOD 位的值有关。当 SMOD = 0 时，波特率为 f_{osc} 的 1/64；当 SMOD = 1 时，波特率为 f_{osc} 的 1/32。

4. 串行工作方式 3

方式 3 同样是 11 位为一帧的串行通信方式，其通信过程与方式 2 完全相同，所不同的仅在于波特率。方式 2 的波特率只有固定的两种，而方式 3 的波特率则可由用户根据需要设定。其设定方式与方式 1 相同，即通过设置定时器 1 的初值来设定波特率。

5. 串行口波特率的设定

在串行通信中，收发双方对发送或接收数据的速率要有约定。通过软件可对单片机串行口编程为 4 种工作方式，其中方式 0 和方式 2 的波特率是固定的，而方式 1 和方式 3 的波特率是可变的，由定时器 T1 的溢出率来决定。

串行口的 4 种工作方式对应 3 种波特率。由于输入的移位时钟的来源不同，所以，各种方式的波特率计算公式也不相同。

方式 0 的波特率 $= f_{osc}/12$

方式 1 的波特率 $= (2^{SMOD}/32)\,T1_{溢出率}$

方式 2 的波特率 $= (2^{SMOD}/64)\,f_{osc}$

方式 3 的波特率 $= (2^{SMOD}/32)\,T1_{溢出率}$

当 T1 作为波特率发生器时，最典型的用法是使 T1 工作在初值自动重装的 8 位定时器方式（即方式 2，且 TCON 的 TR1 = 1，以启动定时器）。这时溢出率取决于 TH1 中的计数值：

$$T1_{溢出率} = f_{osc}/\{12\times[256-(TH1)]\}$$

在单片机的应用中，常用的晶振频率为：12MHz 和 11.0592MHz。所以，选用的波特率也相对固定。常用的串行接口波特率以及各参数的关系如表 7-2 所示。

表 7-2　常用波特率与定时器 T1 的参数关系

串行工作方式及波特率(bit/s)		f_{osc}/MHz	SMOD	定时器 T1		
				$C/\overline{T}$	工作方式	初值
方式 1、3	62.5k	12	1	0	2	FFH
	19.2k	11.0592	1	0	2	FDH
	9600	11.0592	0	0	2	FDH
	4800	11.0592	0	0	2	FAH
	2400	11.0592	0	0	2	F4H
	1200	11.0592	0	0	2	E8H

串行口工作之前，应对其进行初始化，主要是设置产生波特率的定时器 T1、串行口控制和中断控制。具体步骤如下：

1）确定 T1 的工作方式（编程 TMOD 寄存器）。

2）计算 T1 的初值，装载 TH1、TL1。

3）启动 T1（编程 TCONN 中的 TR1 位）。

4）确定串行口控制（编程 SCON 寄存器）。

5）串行口在中断方式工作时，要进行中断设置（编程 IE、IP 寄存器）。

7.2　单片机串行接口应用

在计算机分布式测控系统中，经常要利用串行通信方式进行数据传输。80C51 单片机的串行接口为计算机间的通信提供了极为便利的条件。利用单片机的串行接口还可以方便地扩展键盘与显示器，对于简单的应用非常便利。这里仅介绍单片机串行接口在通信方面的应用。

1. 双机通信

双机通信也称为点对点通信，用于单片机与单片机之间交换信息，也常用于单片机与通用微机间的信息交换。

（1）硬件连接　两个单片机间采用 TTL 电平直接传输信息，其距离一般不应超过 5m，所以实际应用中通常采用 RS-232C 标准电平进行点对点通信连接。图 7-12 所示为两个单片机间的通信连接方法，电平转换芯片采用 MAX232A 芯片。

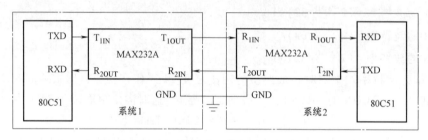

图 7-12　点对点通信的接口电路

（2）应用程序　点对点通信的程序流程图如图 7-13 所示。

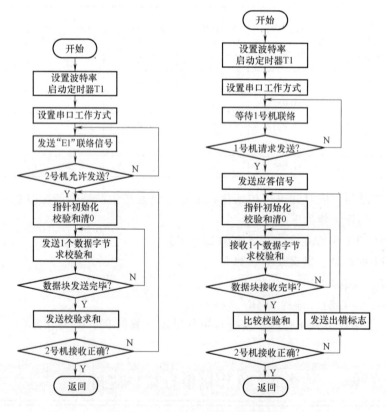

图 7-13　点对点通信的程序流程图

设 1 号机是发送方，2 号机是接收方。当 1 号机发送数据时，先发送一个"E1"联络信号，2 号机收到后回答一个"E2"应答信号，表示同意接收。当 1 号机收到应答信号"E2"

后，开始发送数据，每发送一个数据字节都要计算"校验和"，假定数据块长度为 16 个字节，起始地址为 40H，一个数据块发送完毕后立即发送"校验和"。2 号机接收数据并转存到数据缓冲区，起始地址也为 40H，每接收到一个数据字节便计算一次"校验和"，当收到一个数据块后，再接收 1 号机发来的"校验和"，并将它与 2 号机求出的校验和进行比较。若两者相等，说明接收正确，2 号机回答 00H；若两者不相等，说明接收的数据不正确，2 号机回答 0FFH，请求重发。1 号机接到 00H 后结束发送。若收到的答复非零，则重新发送一次数据。双方约定采用串行口方式 1 进行通信，一帧信息为 10 位，其中有 1 个起始位、8 个数据位和 1 个停止位；波特率为 2400bit/s，T1 工作在定时器方式 2，振荡频率选用 9.0592MHz，查表可得 TH1 = TL1 = 0F4H，PCON 寄存器的 SMOD 位为 0。

发送数据清单如下：

```
ASTART： CLR   EA
         MOV   TMOD, #20H          ; 定时器 T1 置为方式 2
         MOV   TH1, #0F4H          ; 装载定时器初值，波特率 2400bit/s
         MOV   TL1, #0F4H
         MOV   PCON, #00H
         SETB  TR1                 ; 启动定时器 T1
         MOV   SCON, #50H          ; 设定串口为方式 1，且准备接收应答信号
ALOOP1： MOV   SBUF, #0E1H         ; 发联络信号
         JNB   TI, $               ; 等待一帧发送完毕
         CLR   TI                  ; 允许再发送
         JNB   RI, $               ; 等待 2 号机的应答信号
         CLR   RI                  ; 允许再接收
         MOV   A, SBUF             ; 2 号机应答后，读至 A
         XRL   A, #0E2H            ; 判断 2 号机是否准备完毕
         JNZ   ALOOP1              ; 2 号机未准备好，继续联络
ALOOP2： MOV   R0, #40H            ; 2 号机准备好，设定数据块地址指针初位
         MOV   R7, #10H            ; 设定数据块长度初值
         MOV   R6, #00H            ; 清校验和单元
ALOOP3： MOV   SBUF, @R0           ; 发送一个数据字节
         MOV   A, R6
         ADD   A, @R0              ; 求校验和
         MOV   R6, A               ; 保存校验和
         INC   R0
         JNB   TI, $
         CLR   TI
         DJNZ  R7, ALOOP3          ; 整个数据块是否发送完毕
         MOV   SBUF, R6            ; 发送校验和
         JNB   TI, $
         CLR   TI
```

```
        JNB    RI, $              ; 等待 2 号机的应答信号
        CLR    RI
        MOV    A, SBUF           ; 2 号机应答，读至 A
        JNZ    ALOOP2            ; 2 号机应答"错误"，转重新发送
        RET                      ; 2 号机应答"正确"，返回
```

接收程序清单如下：

```
BSTART: CLR    EA
        MOV    TMOD, #20H
        MOV    TH1, #0F4H
        MOV    TL1, #0F4H
        MOV    PCON, #00H
        SETB   TR1
        MOV    SCON, #50H        ; 设定串口方式 1，且准备接收
BLOOP1: JNB    TI, $             ; 等待 1 号机的联络信号
        CLR    TI
        MOV    A, SBUF           ; 收到 1 号机信号
        XRL    A, #0E1H          ; 判是否为 1 号机联络信号
        JNZ    BLOOP1            ; 不是 1 号机联络信号，再等待
        MOV    SBUF, #0E2H       ; 是 1 号机联络信号，发应答信
        JNB    TI, $
        CLR    TI
        MOV    R0, #40H          ; 设定数据块地址指针初值
        MOV    R7, #10H          ; 设定数据块长度初值
        MOV    R6, #00H          ; 清校验和单元
BLOOP2: JNB    TI, $
        CLR    TI
        MOV    A, SBUF
        MOV    @R0, A            ; 接收数据转储
        INC    R0
        ADD    A, R6             ; 求校验和
        MOV    A, R6
        DJNZ   R7, BLOOP2        ; 判断数据块是否接收完毕
        JNB    RI, $
        CLR    RI                ; 完毕，接收 1 号机发来的校验和
        MOV    A, SBUF
        XRL    A, R6             ; 比较校验和
        JZ  END1                 ; 校验和相等，跳转并发正确标志
        MOV    SBUF, #0FFH       ; 校验和不相等，发错误标志
        JNB    TI, $             ; 重新接收
```

```
        CLR    TI
        SJMP   BLOOP1
END1：MOV     SBUF，#00H
        RET
```

上述程序中收发数据采用的是查询方式，也可以采用中断方式完成。

2. 多机通信

（1）硬件连接　单片机构成的多机系统常采用总线型主从式结构。所谓主从式，即在数个单片机中。有一个是主机，其余的是从机，从机要服从主机的调度和支配。80C31 单片机的串行口方式 2 和方式 3 适合于这种主从式的通信结构。当然采用不同的通信标准时，还需进行相应的电平转换，有时还要对信号进行光电隔离。在实际的多机应用系统中，常采用RS-485 串行标准总线进行数据传输，如图 7-14 所示。

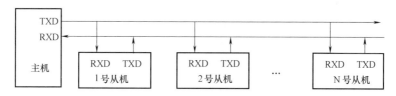

图 7-14　多机通信系统的硬件连接

（2）通信协议　根据 80C51 串行口的多机通信能力，多机通信可以按照以下协议进行：

1）所有从机的 SM2 位置 "1"，处于接收地址帧状态。

2）主机发送一地址帧，其中 8 位是地址，第 9 位为地址/数据的区分标志，该位 1 表示该帧为地址帧。

3）所有从机收到地址帧后，都将接收的地址与本机的地址比较。对于地址相符的从机，使自己的 SM2 位置 0（以接收主机随后发来的数据帧），并把本机地址发回主机作为应答；对于地址不符的从机，仍保持 SM2＝1，对主机随后发来的数据帧不予理睬。

4）从机发送数据结束后，要发送一帧校验和，并置第 9 位（TB8）为 1，作为从机数据传送结束的标志。

5）主机接收数据时先判断数据接收标志（RB8），若 RB8＝1，表示数据传送结束，并比较此帧校验和，若正确，则回送正确信号 00H，此信号命令该从机复位（即重新等待地址帧）；若校验和出错，则发送 0FFH，命令该从机重发数据。若接收帧的 RB8＝0，则存数据到缓冲区，并准备接收下帧信息。

6）主机收到从机应答地址后，确认地址是否相符，如果地址不符，则发复位信号（数据帧中 TB8＝1）；如果地址相符，则清 TB8，开始发送数据。

7）从机收到复位命令后回到监听地址状态（SM2＝1）；否则开始接收数据和命令。

7.3　串行口应用设计

设计一：

（1）设计要求　单片机串行口在方式 0 下发送数据，采用 CD4094 完成串入/并出转换，并控制八个 LED 循环点亮。

（2）系统分析　根据设计要求分析，系统所需元器件：单片机 AT89C51、瓷片电容 CAP 30pF、晶振 CRYSTAL 12MHz、电阻 RES、按钮 BUTTON、电解电容 CAP-ELEC、发光二极管 LED-RED、串入/并出转换器 CD4094。

（3）系统原理图设计　串行口扩展原理图如图 7-15 所示。

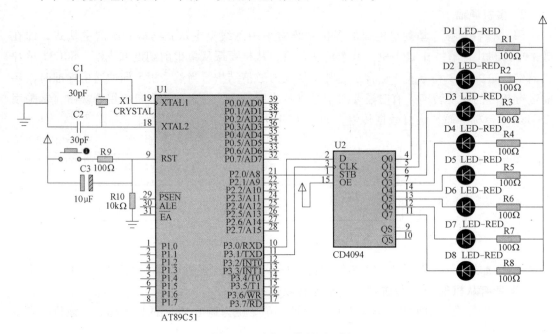

图 7-15　串行口扩展原理图

（4）程序流程图设计　串行口扩展程序流程图设计如图 7-16 所示。

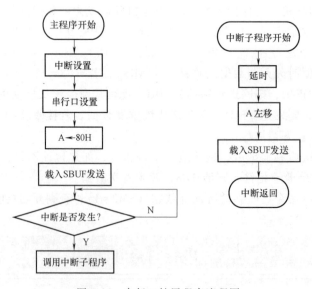

图 7-16　串行口扩展程序流程图

（5）源程序设计

```
            ORG    0000H
            LJMP   MAIN
            ORG    0023H
            LJMP   TIP
    MAIN：SETB   EA
            SETB   ES
            MOV    SCON，#00H
            CLR    P2.0
            MOV    A，#80H
            MOV    SBUF，A
            SJMP   $
     TIP：SETB   P2.0
            LCALL  DELAY
            CLR    TI
            RR     A
            CLR    P2.0
            MOV    SBUF，A
            RETI
  DELAY：MOV    R7，#0FFH
  DELAY2：MOV    R6，#0FFH
            DJNZ   R6，$
            DJNZ   R7，DELAY2
            RET
            END
```

（6）在 Keil 中调试与仿真　创建"串行口扩展"项目，并选择单片机型号为 AT89C51。输入汇编源程序，保存为"串行口扩展.ASM"。将源程序"串行口扩展.ASM"添加到项目中。编译源程序，并创建了"串行口扩展.HEX"。

（7）在 Proteus 中仿真　打开"串行口扩展.DSN"，左键双击 AT89C51 单片机，在"Program File"项中，选择在 Keil 中生成的十六进制文件"串行口扩展.HEX"。

单击按钮 ▶ 进行程序运行状态，观察运行结果。

设计二：

（1）设计要求　在控制系统中有甲、乙两个单片机，首先将 P1 口拨码开关数据载入 SBUF，然后经由 TXD 将数据传送给乙单片机，乙单片机将接收数据存入 SBUF，在经由 SBUF 载入累加器，并输出至 P1，点亮相应端口的 LED。

（2）系统分析　根据设计要求分析，系统所需元器件：单片机 AT89C51、瓷片电容 CAP 30pF、晶振 CRYSTAL 12MHz、电阻 RES、按钮 BUTTON、电解电容 CAP-ELEC、发光二极管 LED-RED、拨码开关 DIPSW_ 8。

（3）系统原理图设计　串行通信原理图如图 7-17 所示。

（4）程序流程图设计　串行通信程序流程图设计如图 7-18 所示。

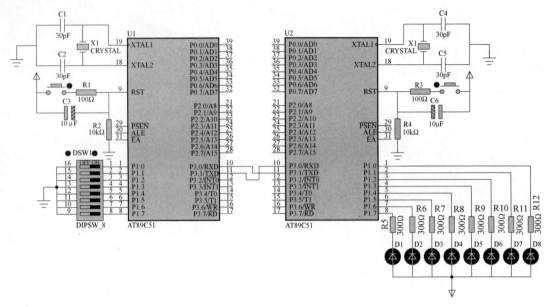

图 7-17   串行通信原理图

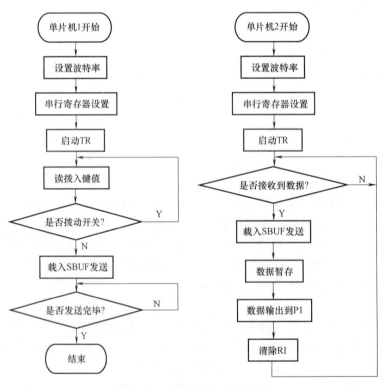

图 7-18   串行通信程序流程图

（5）源程序设计

发送：

```
ORG    0000H
```

```
              AJMP    START
    START: MOV    SCON, #50H
              MOV    TMOD, #20H
              MOV    TH1, #0F9H
              SETB   TR1
              MOV    30H, #0FFH
    READ:  MOV    A, P1
              CJNE   A, 30H, SAVE
              SJMP   READ
    SAVE:  MOV    30H, A
              MOV    SBUF, A
    WAIT:  JBC    TI, READ
              AJMP   WAIT
              END
```

接收：

```
              ORG    0000H
              AJMP   START
    START: MOV    SCON, #50H
              MOV    TMOD, #20H
              MOV    TH1, #0F9H
              SETB   TR1
    READ:  JBC    RI, UART
              AJMP   READ
    UART:  MOV    A, SBUF
              MOV    P1, A
              AJMP   READ
              END
```

（6）在 Keil 中调试与仿真　创建"串行通信"项目，并选择单片机型号为 AT89C51。输入汇编源程序，保存为"串行通信.ASM"。将源程序"串行通信.ASM"添加到项目中。编译源程序，并创建了"串行通信.HEX"。

（7）在 Proteus 中仿真　打开"串行通信.DSN"，左键双击 AT89C51 单片机，在"Program File"项中，选择在 Keil 中生成的十六进制文件"串行通信.HEX"。

单击按钮 ▶ 进行程序运行状态，观察运行结果。

本 章 总 结

计算机之间的通信有并行和串行通信两种方式。异步串行通信接口主要有 RS-232C、RS-449 及 20mA 电流环等几种标准。

MCS-51 系列单片机内部有一个全双工的异步通信 I/O 口，该串行口的波特率和帧格式可以编程设定。MCS-51 串行口有四种工作方式：方式 0、1、2、3。帧格式有 10 位、11 位。

方式 0 和方式 2 的传送波特率是固定的，方式 1 和方式 3 的传送波特率是可变的，由定时器的溢出率决定。

单片机与单片机之间以及单片机与 PC 之间都可以进行通信，异步通信程序通常采用两种方法：查询法和中断法。

习　　题

7-1　选择题

（1）串行通信的通信方式和特点有（　　　）；并行通信的通信方式和特点有（　　　）。

A. 各位同时传送　　　　B. 各位依次逐位传送　　　C. 传送速度相对慢

D. 传送速度相对快　　　E. 便于长距离传送　　　　F. 不便于长距离传送

（2）异步通信的通信方式和特点有（　　　）；同步通信的通信方式和特点有（　　　）。

A. 依靠同步字符保持通信同步　　　　　　　B. 依靠起始位、停止位保持通信同步

C. 传送速度相对慢　　　　　　　　　　　　D. 传送速度相对快

E. 对硬件要求较低　　　　　　　　　　　　F. 对硬件要求较高

（3）4 种串行工作方式分别具有下列属性的有方式 0：（　　　）；方式 1：（　　　）；方式 2：（　　　）；方式 3：（　　　）。

A. 异步通信方式；　　　　　　　　　　　　B. 同步通信方式；

C. 帧格式 8 位；　　　　　　　　　　　　　D. 帧格式 11 位；

E. 帧格式 8 位；　　　　　　　　　　　　　F. 帧格式 9 位；

G. 波物率：T1 溢出率/n（n = 32 或 16）

7-2　什么是串行异步通信？它有哪些作用？简述串行口接收和发送数据的过程。

7-3　8051 单片机四种工作方式的波特率应如何确定？

7-4　某异步通信接口，其帧格式由 1 个起始位（0）、7 个数据位、1 个偶校验和 1 个停止位（1）组成。当该接口每分钟传送 1800 个字符时，试计算出传送波特率。

7-5　串行口工作在方式 1 和方式 3 时，其波特率与 f_{osc}、定时器 T1 工作模式 2 的初值及 SNOD 位的关系如何？设 $f_{osc}=6MHz$，现利用定时器 T1 模式 2 产生的波特率为 110bit/s。试计算定时器初值。

7-6　请用中断法编出串行口方式 1 下的发送程序。设 8031 单片机主频为 6MHz，波特率为 300bit，发送数据缓冲区在外部 RAM，起始地址为 TBLOCK，数据块长度为 30，采用偶校验，放在发送数据第 8 位（数据块长度不发送）。

第8章

MCS-51单片机测控接口

本章学习任务：

- 了解 8051 单片机与常用 D-A 转换器、A-D 转换器的接口方法和开关量接口方法。
- 重点掌握 A-D 转换器和 D-A 转换器技术指标，A-D、D-A 转换器与单片机的信号连接。

在智能仪表、测控系统等自动控制领域中，常用单片机进行实时数据处理和控制，而被测、被控对象的参量通常是一些连续变化的模拟物理量，如温度、速度、电压、电流、压力、位移、流量等。虽然这些模拟量已经由传感器、变送器变换成标准的电压或电流信号，但单片机只能加工和处理数字量，因此被测到的模拟量只能通过模拟-数字（A-D）转换器，将其转换成相应的数字量送往单片机中处理。同样，单片机输出的数字量控制信号，要经过数字-模拟（D-A）转换器将其转换成相应的模拟信号去控制外设（被控对象）。这就是单片机的测控接口（A-D 转换和 D-A 转换）问题，如图 8-1 所示。

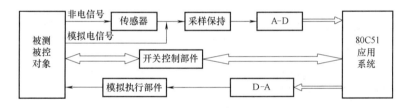

图 8-1 具有模拟量输入/输出的 80C51 应用系统

另一类常见的信号是开关信号，它们用来测控开关类器件，如拨盘开关、拨键开关、继电器的触点等。当单片机测控的对象是具有开关状态的设备时，单片机的输入/输出就应为开关量。一个开关只需一位二进制数（0 或 1）就可以表示其两个状态（开或关），所以 8 位字长的单片机一次就可以读入或输出 8 个开关量。

现在这些 A-D 和 D-A 转换器都已经集成化，并具有体积小、功能强、可靠性高、误差小、功耗低等特点，能很方便地与单片机进行接口。

8.1 D-A 转换器及应用

D-A（数-模）转换器输入的是数字量，经转换后输出的是模拟量，为单片机在模拟环境中提供了一种数据转换接口。

8.1.1　D-A 转换器概述

为把数字量转换成模拟量，在 D-A 转换芯片中要有解码网络，常用的主要为二进制权电阻解码网络和 T 形电阻解码网络，转换过程是先将各位数码按其权的大小转换为相应的模拟分量，然后再以叠加方法把各模拟分量相加，其和就是 D-A 转换的结果。这方面内容在数字电路材料中已详细介绍过，这里简要地回顾一下 D-A 的基本原理。

1. D-A 转换器的基本原理

计算机输出的数字信号首先传送到数据锁存器（或寄存器）中，然后由模拟电子开关把数字信号的高低电平变成对应的电子开关状态。当数字量某位为 1 时，电子开关就将基准电压源 V_{REF} 接入电阻网络的相应支路；若为 0 时，则将该支路接地。各支路的电流信号经过电阻网络加权后，由运算放大器求和并变换成电压信号，作为 D-A 转换器的输出。目前常用的 D-A 转换器是由 T 形电阻网络构成的，一般称其为 T 形电阻网络 D-A 转换器，如图 8-2 所示。

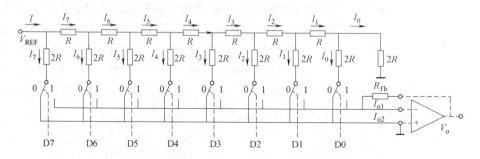

图 8-2　D-A 转换器的原理图

该电路是一个 8 位 D-A 转换器。V_{REF} 是外加基准电源，R_{fb} 为外接运算放大器的反馈电阻。D7~D0 为控制电流开关的数据（数字量）。由图 8-2 可以得到

$I = V_{REF}/R$

$I_7 = I/2^1$，$I_6 = I/2^2$，$I_5 = I/2^3$，$I_4 = I/2^4$，$I_3 = I/2^5$，$I_2 = I/2^6$，$I_1 = I/2^7$，$I_0 = I/2^8$

当输入数据 D7~D0 为 11111111B 时，有

$I_{o1} = I_7 + I_6 + I_5 + I_4 + I_3 + I_2 + I_1 + I_0 = (I/2^8) \times (2^7 + 2^6 + 2^5 + 2^4 + 2^3 + 2^2 + 2^1 + 2^0)$

$I_{o2} = 0$

若 $R_{fb} = R$，则 $V_o = -I_{o1} \times R_{fb}$

$$= -I_{o1} \times R$$

$$= -((V_{REF}/R)/2^8) \times (2^7 + 2^6 + 2^5 + 2^4 + 2^3 + 2^2 + 2^1 + 2^0) R$$

$$= -(V_{REF}/2^8) \times (2^7 + 2^6 + 2^5 + 2^4 + 2^3 + 2^2 + 2^1 + 2^0)$$

由此可见，输出电压 V_o 的大小与数字量具有对应的关系。这样就完成了从数字量到模拟量的转换。

2. D-A 转换器的分类

1）依数字量的位数分为：8 位、10 位、12 位、16 位 D-A 转换器。

2）依数字量的数码形式分为：二进制码和 BCD 码 D-A 转换器。

3）依数字量的传送方式分为：并行和串行 D-A 转换器。

4）依 D-A 转换器的输出方式分为：电流输出型和电压输出型 D-A 转换器。

在实际应用中若需要电压模拟量，对于电流输出的 D-A 转换器，可在其输出端增加运算放大器，通过运算放大器构成电流—电压转换电路，将转换器的电流输出变为电压输出。

5）依带与不带锁存器分为：内部无锁存器和内部有锁存器 D-A 转换器。

由于实现模拟量转换需要一定的时间，在这段时间内 D-A 转换器输入端的数字量应保持稳定，为此应在数-模转换器数字量输入端的前面设置锁存器，以提供数据锁存功能。

① 早期的 D-A 转换芯片只具有电流输出型，且不带锁存器而内部结构简单，应用时必须外加锁存器、基准电压源以及输出电压转换电路。它们可与 80C51 的 P1、P2 口直接连接，因为 P1 口和 P2 口的输出有锁存功能，但是当与 P0 口接口时，由于 P0 口的特殊性，还是需要在转换器芯片的前面增加锁存器。这类 D-A 转换器芯片有：DAC800（8 位）、AD7520（10 位）、AD7521（2 位）等。

② 中期的 D-A 转换芯片在芯片内增加了一些与计算机接口相关的电路及控制引脚，不但具有锁存器，而且还包括地址译码电路，有的还具有双重或多重的数据缓冲电路，采用与 CPU 相同的 +5V 电源供电。这类芯片特别适用于单片机应用系统的 D-A 转换接口。有 DAC0830 系列、AD7542 等，它们多是 8 位以上的 D-A 转换器，最好使用 80C51 的 P0 口直接接口。

③ 近期的 D-A 转换器将一些 D-A 转换外围器件集成到了芯片的内部，简化了接口逻辑提高了芯片的可靠性及稳定性。如芯片内部集成有基准电压源、输出放大器，及可实现模拟电压的单极性或双极性输出等，这类芯片有：AD558、DAC82、DAC811 等。

3. D-A 转换器的主要性能指标

D-A 转换器的技术性能指标很多，如绝对精度、相对精度、线性度、输出电压范围、温度系数、输入数字代码种类（二进制或 BCD 码）等。对这些技术性能、不做全面的详细的说明，此处只对三个与接口有关的技术性能做介绍，它们是：

1）分辨率：是 D-A 转换器对输入量变化敏感程度的描述，反映了它的输入（输出）模拟电压的最小变化量，与输入数字量的位数有关，可以表示成 $FS/2^n$。FS 表示满量程输入值，n 为数字量的位数。对于 5V 的满量程，采用 8 位的 D-A 时，分辨率为 $5V/2^8 = 19.5mV$；当采用 12 位的 D-A 时，分辨率则为 $5V/2^{12} = 1.22mV$，可见，数字量越多，分辨率也就越高，亦即转换器对输入量变化的敏感程度也就越高，使用时，应根据分辨率的要求选定转换器的位数。

2）建立时间：是描述 D-A 转换速度快慢的一个参数。其值为从输入数字量到输出达到终值误差 $\pm(1/2)LSB$（最低有效位）时所需要的时间。输出形式为电流的转换器建立时间较短，而输出形式为电压的转换器，由于需加上运算放大器的延迟时间，因此建立时间要长些。但总的来说，D-A 转换速度远高于 A-D 转换。根据建立时间的长短，可以将 D-A 分成超高速（$\leqslant 1\mu s$）、高速（$10 \sim 100\mu s$）、中速（$\geqslant 100\mu s \sim 10\mu s$）、低速（$\geqslant 100\mu s$）几档。

3）接口形式。接口形式是 A-D（D-A）输入/输出特性之一，包括输出（输入）数字量的形式，十六进制或 BCD，输出（输入）是否带有锁存器等。

8.1.2　DAC0832 芯片及与单片机接口

DAC0832 是典型的 8 位 D-A 转换器，被广泛应用，由于其片内有输入数据寄存器，故可以直接与单片机接口。

1. DAC0832 芯片

DAC0832 以电流形式输出，属于该系列的芯片还有 DAC0830、DAC0831，它们可以相互代换。其主要特性为：单电源供电，从 +5V ~ +15V 均可正常工作，基准电压的范围为 −10V ~ +10V，电流建立时间为 1μs，CMOS 工艺，低功耗 20mW，数据输入可采用双缓冲、单缓冲或直通方式，逻辑电平输入与 TTL 电平兼容，D-A 转换电路是 R-2R T 形电阻网络，芯片为 20 引脚，双列直插式封装。

（1）DAC0832 内部结构　DAC0832 内部结构如图 8-3 所示，数据输入通道由输入寄存器和 DAC 寄存器构成两级数据输入锁存，由 3 个与门电路组成控制逻辑，产生 LE1 和 LE2 信号，分别对两个输入寄存器进行控制。当 $\overline{LE1}$（$\overline{LE2}$）= 0 时，数据进入寄存器被锁存；当 $\overline{LE1}$（$\overline{LE2}$）= 1 时，锁存器的输出跟随输入，这样在使用时就可根据需要，对数据输入采用两级锁存（双锁存）形式，或单级锁存（一级锁存一级直通）形式，或直接输入（两级直通）形式。

两级输入锁存，可使 D-A 转换器在转换前一个数据的同时，就可以将下一个待转换数据预先送到输入寄存器，以提高转换速度。此外，在使用多个 D-A 转换器分时输入数据的情况下，两级缓冲可以保证同时输出模拟电压，即实现多通道同步转换输出。

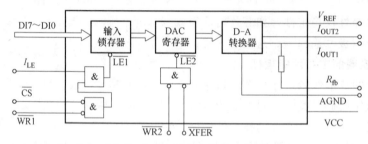

图 8-3　DAC0832 内部逻辑框图

（2）DAC0832 各引脚的功能　DAC0832 各引脚及其引脚排列如图 8-4 所示。

$\overline{CS}$：片选信号（输入），低电平有效。

$DI_7 ~ DI_0$：转换数据输入。

I_{LE}：数据锁存允许信号（输入），高电平有效。

$\overline{WR1}$：第 1 写信号（输入），低电平有效。该信号与 ILE 信号共同控制输入寄存器是数据直通方式还是数据锁存方式：当 ILE = 1 和 $\overline{WR1}$ = 0 时，LE1 = 1，为输入寄存器直通方式；当 ILE = 1 和 $\overline{WR1}$ = 1 时，LE1 = 0，为输入寄存器锁存方式。

图 8-4　DAC0832 引脚

$\overline{XFER}$：数据传送控制信号（输入），低电平有效，类似 ILE 引脚功能。

$\overline{\text{WR2}}$：第 2 写信号（输入），低电平有效。该信号与 $\overline{\text{XFER}}$ 信号合在一起，控制 DAC 寄存器是数据直通方式还是数据锁存方式：当 $\overline{\text{WR2}}=0$ 和 $\overline{\text{XFER}}=0$ 时，LE2 = 1，DAC 寄存器为直通方式；当 $\overline{\text{WR2}}=1$ 和 $\overline{\text{XFER}}=0$，LE2 = 0，DAC 寄存器为锁存方式，类似 $\overline{\text{WR1}}$ 引脚功能。

I_{out1} 和 I_{out2}：电流输出引脚 1 和 2。当输入数据为全"1"时，I_{out1} 输出电流最大；为全"0"时，I_{out1} 输出电流最小。DAC 转换器的特性之一是：$I_{\text{out1}}+I_{\text{out2}}=$ 常数。

R_{fb}：DAC0832 芯片内部反馈电阻引脚，即运算放大器的反馈电阻端，电阻（15kΩ）已固化在芯片中，因为 DAC0832 是电流输出型 D-A 转换器，为得到电压的转换输出，使用时需在两个电流输出端接运算放大器。R_{fb} 即为运算放大器的反馈电阻，运算放大器的接法如图 8-5 所示。

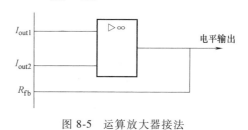

图 8-5　运算放大器接法

V_{ref}：基准电压（输入），是外加高精度电压源，与芯片内的电阻网络相连接，该电压可在 $-10\text{V}\sim+10\text{V}$ 范围内调节。

DGND 和 AGND：分别为数字信号地和模拟信号地。

2. DAC0832 芯片与单片机接口的应用

DAC0832 可工作于单缓冲、双缓冲和直通三种方式。

（1）单缓冲方式的接口与应用

1）单缓冲方式连接。所谓单缓冲方式就是使 DAC0832 的两个输入寄存器中有一个（多为 DAC 寄存器）处于直通方式，而另一个处于受控的锁存方式或 2 级寄存器并接变为 1 级寄存器使用。在实际应用中，如果只有一路模拟量输出或虽是多路模拟量输出但并不要求输出同步的情况下，就可采用单缓冲方式。一种使 DAC 寄存器处于直通方式，应使 $\overline{\text{WR2}}=0$ 和 $\overline{\text{XFER}}=0$。为此可把这两个信号固定接地。另一种情况是把 $\overline{\text{WR2}}$ 和 $\overline{\text{WR1}}$ 相连，把 $\overline{\text{XFER}}$ 和 $\overline{\text{CS}}$ 相连。变 2 级寄存器为 1 级寄存器使用，即输入寄存器的输入端和 DAC 寄存器的输出端相当于单缓冲寄存器的输入/输出端。单缓冲方式的连接如图 8-6 所示。

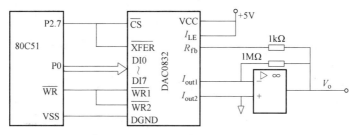

图 8-6　DAC0832 单缓冲方式接口

为使 DAC0832 处型缓冲受控锁存方式，应把 $\overline{\text{WR1}}$ 和 $\overline{\text{WR2}}$ 接 80C51 的 $\overline{\text{WR}}$，ILE 接高电平。此外，还应 $\overline{\text{CS}}$ 接高位地址或地址译码输出，以便对 DAC0832 进行选择。由于 DAC0832 具有数字量的输入锁存功能，故数字量可以直接从 80C51 的 P0 口送入。

2）单缓冲方式的应用见 8.1.3 节。

（2）双缓冲方式的接口与应用

1）双缓冲方式连接。对于多路 D-A 转换输出，如果要求同步进行，就应该采用双缓冲器同步方式。DAC0832 工作于双缓冲工作方式时，数字量的输入锁存和 D-A 转换是分两步完成的。首先 CPU 的数据总线分时地向各路 D-A 转换器输入要转换的数字量并锁存在各自的输入锁存器中，然后 CPU 对所有的 D-A 转换器发出控制信号，使各个 D-A 转换器输入锁存器中的数据打入 DAC 寄存器，实现同步转换输出。

图 8-7 所示为一个二路同步输出的 D-A 转换接口电路。80C51 的 P2.5 和 P2.6 分别选择两路 D-A 转换器的输入锁存器，P2.7 连接到两路 D-A 转换器的 $\overline{\text{XFER}}$ 端控制同步转换输出。

2）双缓冲方式应用举例。双缓冲方式用于多路数-模转换系统，以实现多路模拟信号的同步输出，例如使用单片机控制 X-Y 绘图仪。

X-Y 绘图仪由 X、Y 两个方向的步进电动机驱动，其中一个电动机控制绘图笔沿 X 方向运动，另一个电动机控制绘图笔沿 Y 方向运动。因此对 X-Y 绘图仪的控制有两点基本要求：一是需要两路 D-A 转换器分别给 X 通道和 Y 通道提供模拟信号，使绘图笔能沿 X-Y 轴做平面运动；二是两路模拟信号要同步输出，以使绘制的曲线光滑，否则绘制出的曲线就是台阶状的，如图 8-8 所示。

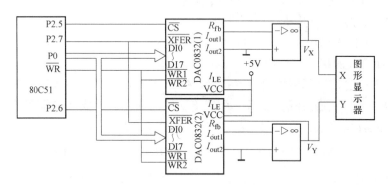

图 8-7　DAC0832 双缓冲方式接口

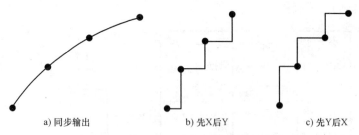

a) 同步输出　　　　　b) 先X后Y　　　　　c) 先Y后X

图 8-8　单片机控制 X-Y 绘图仪

为此就要使用两片 DAC0832，并采用双缓冲方式连接（见图 8-7）。电路中以译码法产生地址。两片 DAC0832 共占据 3 个单元地址，其中两个输入寄存器各占一个地址，而两个 DAC 寄存器则合用一个地址。编程时，先用一条传送指令把 X 坐标数据送到 X 向转换器的输入寄存器，再用一条传送指令把 Y 坐标数据送到 Y 向转换器的输入寄存器。最后再用一条传送指令打开两个转换器的 DAC 寄存器，进行数据转换，即可实现 X、Y 两个方向坐标量的同步输出。

假定 X 方向 DAC0832 输入寄存器地址为 0DFFFH，Y 方向的 DAC0832 输入寄存器地址为 0BFFFH，两个 DAC 寄存器公用地址为 7FFFH。X 坐标数据存于 data1 单元中，Y 坐标数据存于 data2 单元中，则绘图仪的驱动程序为

MOV	DPTR, #0DFFFH	；指向 DAC0832（0）输入锁存器
MOV	A, #data1	
MOVX	@DPTR, A	；数据 data1 送入 DAC0832（1）输入锁存器
MOV	DPTR, #0BFFFH	；指向 DAC0832（2）输入锁存器
MOV	A, #data2	
MOVX	@DPTR, A	；数据 data2 送入 DAC0832 输入锁存器
MOV	DPTR, #7FFFH	；同时启动 DAC0832（1）和（2）输入锁存器
MOVX	@DPTR, A	；完成 X、Y 数据 D-A 转换同步输出

在需要多路 D-A 转换输出的场合，除了采用上述方法外，还可以采用多通道 DAC 芯片。这种 DAC 芯片在同一个封装里有两个以上相同的 DAC，它们可以各自独立工作，例如 AD7528 是双通道 8 位 DAC 芯片，可以同时输出两路模拟量；AD7526 是四通道 8 位 DAC 芯片，可以同时输出四路模拟量。

（3）直通方式的接口与应用　当 DAC0832 芯片的片选信号 $\overline{CS}$、写信号 $\overline{WR1}$、$\overline{WR2}$ 及传送控制信号 $\overline{XFER}$ 的引脚全部接地，允许输入锁存信号 ILE 引脚接 +5V 时，DAC0832 芯片就处于直通工作方式，数字量一旦输入，就直接进入 DAC 寄存器，进行 D-A 转换。由于直通方式简单，相关接口和应用省略，可参考前两种方式。

3. DAC0832 芯片的单极性与双极性输出

（1）单极性输出工作方式　在图 8-6 中，由于使用了反相比例放大器来实现电流到电压的转换，因此输出模拟信号的极性与参考电压的极性相反。数字量与模拟量的转换关系 $V_{OUT1} = -V_{REF}$（数字码/256），如表 8-1 所示。当 $V_{REF} = +5V$（或 $-5V$）时，输出模拟电压的范围是 $0 \sim -5V$（或 $0 \sim +5V$）。若 $V_{REF} = +10V$（或 $-10V$）时，输出电压范围 $0 \sim -10V$（或 $0 \sim +10V$）。

表 8-1　单极性输出 D-A 关系

输入数字量 MSB…LSB								模拟量输出
1	1	1	1	1	1	1	1	$-V_{REF}(255/256)$
1	0	0	0	0	0	1	0	$-V_{REF}(130/256)$
1	0	0	0	0	0	0	0	$-V_{REF}(128/256)$
0	1	1	1	1	1	1	1	$-V_{REF}(127/256)$
0	0	0	0	0	0	0	0	$-V_{REF}(0/256)$

（2）双极性输出工作方式　如果要求 D-A 转换器输出为双极性，只需在图 8-6 的基础上增加一个运算放大器，其电路如图 8-9 所示。其中运放 A_2 的作用是把运放 A_1 的单向输出转变为双向输出。例如：当 $V_{REF} = +5V$ 时，A_1 的输出范围是 $0 \sim -5V$。当 $V_{OUT1} = 0V$ 时，

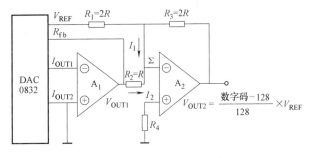

图 8-9　DAC0832 双极性输出接口

$V_{\rm OUT2} = -5{\rm V}$；当 $V_{\rm OUT1} = -5{\rm V}$ 时，$V_{\rm OUT2} = +5{\rm V}$。$V_{\rm OUT2}$ 输出范围为 $-5{\rm V} \sim +5{\rm V}$。

在图 8-9 中，运算放大器 A_2 的作用是把运算放大器 A_1 的单向输出电压转变成双向输出电压。其原理是将 A_2 的输入端 Σ 通过电阻 R_1 与参考电压 $V_{\rm REF}$ 相连，$V_{\rm REF}$ 经 R_1 向 A_2 提供一个偏流 I_1，其电流方向与 I_2 相反，因此运算放大器 A_2 的输入电流为 I_1、I_2 之代数和。由图 8-11 可求出 D-A 转换器的总输出电压：

$$V_{\rm OUT2} = -((R_3/R_2)V_{\rm OUT1} + (R_3/R_1)V_{\rm REF})$$

代入 R_1、R_2、R_3 值，可得 $V_{\rm OUT2} = -(2V_{\rm OUT1} + V_{\rm REF})$

代入 $V_{\rm OUT1} = -V_{\rm REF}$（数字码/256）则得：$V_{\rm OUT2} = ($数字码$-128)/128 \times V_{\rm REF}$，这一双极 D-A 转换关系亦如表 8-2 所示。

表 8-2　双极性输出 D-A 关系

输入数字量								模拟量输出	
MSB···LSB								$+V_{\rm REF}$	$-V_{\rm REF}$
1	1	1	1	1	1	1	1	$V_{\rm REF} - 1{\rm LSB}$	$-|V_{\rm REF}| + 1{\rm LSB}$
1	1	0	0	0	0	0	0	$V_{\rm REF}/2$	$-|V_{\rm REF}|/2$
1	0	0	0	0	0	0	0	0	0
0	1	1	1	1	1	1	1	$-1{\rm LSB}$	$+1{\rm LSB}$
0	1	1	1	1	1	1	1	$|V_{\rm REF}|/2 - 1{\rm LSB}$	$|V_{\rm REF}|/2 + 1{\rm LSB}$
0	0	0	0	0	0	0	0	$-|V_{\rm REF}|$	$+|V_{\rm REF}|$

8.1.3　D-A 转换应用设计

（1）设计要求　利用 DAC0832 的单缓冲工作方式设计一个锯齿波信号发生器。

（2）系统分析　根据设计要求分析，系统所需元器件：单片机 AT89C51、瓷片电容 CAP 30pF、晶振 CRYSTAL 12MHz、电阻 RES、按钮 BUTTON、电解电容 CAP-ELEC、DAC0832、示波器 OSCILLOSCOPE、排阻 RESPACK-8、运算放大器 LM324、滑动变阻器 POT-HG。

（3）系统原理图设计　D-A 转换系统原理图如图 8-10 所示。

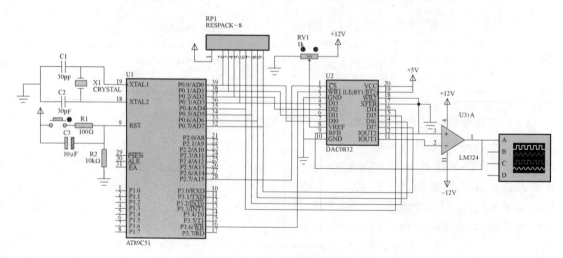

图 8-10　D-A 转换系统原理图

（4）程序流程图设计　D-A 转换程序流程图设计如图 8-11 所示。

（5）源程序设计

```
        ORG    0000H
        MOV    A，#00H
MAIN：  MOV    DPTR，#0000H
        MOVX   @DPTR，A
        LCALL  DELAY
        INC    A
        LJMP   MAIN
DELAY： MOV    R6，#05H
DELAY1：MOV    R5，#20H
        DJNZ   R5，$
        DJNZ   R6，DELAY1
        RET
        SJMP   $
        END
```

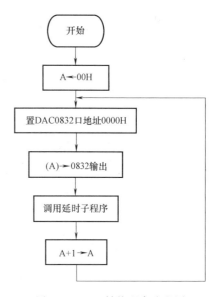

图 8-11　D-A 转换程序流程图

（6）在 Keil 中调试与仿真　创建"D-A 转换"
项目，并选择单片机型号为 AT89C51。输入汇编源程序，保存为"D-A 转换.ASM"。将源
程序"D-A 转换.ASM"添加到项目中。编译源程序，并创建了"D-A 转换.HEX"。

（7）在 Proteus 中仿真　打开"D-A 转换.DSN"，左键双击 AT89C51 单片机，在"Pro-
gram File"项中，选择在 Keil 中生成的十六进制文件"D-A 转换.HEX"。

单击按钮 ▶ 进行程序运行状态，观察运行结果，如图 8-12 所示。

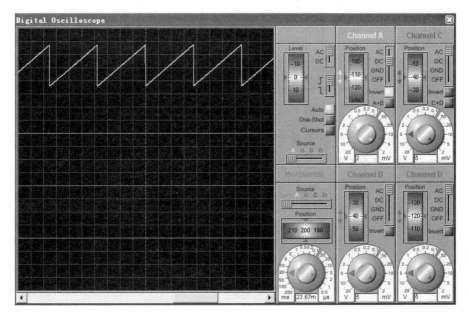

图 8-12　运行结果

8.2　A-D 转换器及应用

A-D 转换器为单片机处理被测对象送来的模拟量信息提供了模-数转换接口，A-D 转换接口用于将传感器检测到的模拟量转换成计算机可以处理的数字量，从而实现对模拟量的测量和控制。

8.2.1　A-D 转换器概述

A-D 转换器用于实现模拟量到数字量的转换，按转换原理可分为 4 种，即计数式 A-D 转换器、双积分式 A-D 转换器、逐次逼近式 A-D 转换器和并行式 A-D 转换器。目前最常用的是双积分式和逐次逼近式。双积分式 A-D 转换器的主要优点是转换精度高、抗干扰性能好、价格便宜，但转换速度较慢。因此这种转换器主要用于速度要求不高的场合。另一种常用的 A-D 转换器是逐次逼近式的，逐次逼近式 A-D 转换器是一种速度较快、精度较高的转换器。其转换时间大约在几微秒到几百微秒之间。下面简要介绍最常用的逐次逼近型 A-D 转换原理。

1. 逐次逼近型 A-D 转换原理

图 8-13 是逐次逼近式 ADC 的工作原理图。由图 8-13 可见，ADC 由比较器、D-A 转换器、逐次逼近寄存器和控制逻辑组成。

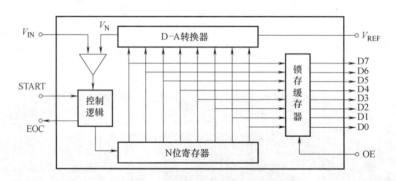

图 8-13　逐次逼近 ADC 原理图

在时钟脉冲的同步下，控制逻辑先使 N 位寄存器的 D7 位置 "1"（其余位置 "0"），此时该寄存器输出的内容为 80H，此值经 DAC 转换为模拟量输出 V_N，与待转换的模拟输入信号 V_{IN} 相比较，若 V_{IN} 大于等于 V_N，则比较器输出为 1。于是在时钟脉冲的同步下，保留 D7 = 1，并使下一位 D6 = 1，所得新值（COH）再经 DAC 转换得到新的 V_N，再与 V_N 相比较，重复前述过程；反之，若使 D7 = 1 后，经比较若 V_{IN} 小于 V_N，则是 D7 = 0，D6 = 1，所得新值 V_N 再与 V_{IN} 比较，重复前述过程。以此类推，从 D7 到 D0 都比较完毕，转换便结束。转换结束时，控制逻辑使 EOC 变为高电平，表示 A-D 转换结束，此时的 D7 ~ D0 即为对应于模拟输入信号 V_{IN} 的数字量。

2. D-A 转换器的主要性能指标

同 D-A 转换器一样，A-D 转换器的技术性能指标也较多，此处只对两个与接口有关的技术性能指标作介绍，它们是：

（1）分辨率　ADC 的分辨率是指使输出数字量变化一个相邻数码所需输入模拟电压的变化量。常用二进制的位数表示。例如 12 位 ADC 的分辨率就是 12 位，或者说分辨率为满刻度 FS 的 $1/2^{12}$。一个 10V 满刻度的 12 位 ADC 能分辨输入电压变化的最小值是 $10V \times 1/2^{12} = 2.4mV$。

（2）转换速率　ADC 的转换速率是能够重复进行数据转换的速度，即每秒转换的次数。而完成一次 A-D 转换所需的时间（包括稳定时间），则是转换速率的倒数。

8.2.2　ADC0809 芯片及与单片机接口

1. ADC0809 芯片

ADC0809 是典型的 8 位 8 通道逐次逼近式 A-D 转换器，CMOS 工艺，主要性能有：分辨率为 8 位；单 +5V 供电，模拟输入电压范围为 0~+5V；具有锁存控制的 8 路输入模拟开关；可锁存三态输出，输出为 TTL 电平兼容；功能为 15mW；不必进行零点和满度调整；转换速度取决于芯片外接的时钟频率。时钟频率范围为 10~1280kHz。典型值时钟频率为 500kHz，转换时间约为 $100\mu s$。

（1）ADC0809 内部结构　ADC0809 内部结构如图 8-14 所示，图中多路开关可选通 8 个模拟通道，允许 8 路模拟量分时输入，共用一个 A-D 转换器进行转换。地址锁存与译码电路完成对 A、B、C 3 个地址位进行锁存和译码，其译码输出用于通道选择。8 位 A-D 转换器是逐次逼近式。输出锁存器用于存放和输出转换得到的数字量。

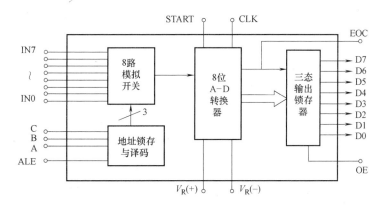

图 8-14　ADC0809 内部结构图

（2）ADC0809 各引脚的功能　芯片为 28 引脚双列直插式封装，其引脚排列如图 8-15 所示。

1）IN7~IN0：8 路模拟量输入端。ADC0809 对输入模拟量的要求主要有：信号单极性，电压范围 0~5V，若信号过小，还需进行放大。另外，模拟量输入的值在 A 仍转换过程中不应变化，因此对变化速度快的模拟量，在输入前应增加采样保持电路。

2）A、B、C：地址输入端。用于选通 8 路模拟开关之一。A 为低位地址，C 为高位地址，3 个输入端有 8 个地址信号为 000~111，对应接通 IN0~IN7 模拟通路。

3）D7~D0：8 位数字量输出端。为三态缓冲输出形式，可以和单片机的数据输入线直接相连。D0 为最低位，D7 为最高位。

4）ALE：地址锁存允许信号输入端。此引脚输入一个正脉冲时，A、B、C 地址状态送入地址锁存器中并进行译码，选通相应的模拟输入通道。

5）START：A-D 转换启动控制信号输入端。输入一个正脉冲时，上升沿复位（清"0"），内部逐次逼近寄存器；下降沿时，开始 A-D 转换，在 A-D 转换期间，此脚应保持低电平，本信号端有时简写为 ST。

6）OE：输出允许控制端。用于控制三态输出锁存器向单片机输出转换得到的数据。OE = 0，输出数据线呈高阻态（断开）；OE = 1，输出转换得到的数据（接通）。

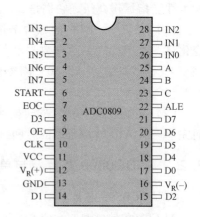

图 8-15   ADC0809 引脚排列

7）CLK：时钟信号输入端。芯片内部没有时钟电路，所需时钟信号由外界提供，从时钟信号引脚输入，通常使用频率为 500kHz 的时钟信号。

8）EOC：转换结束信号输出端。EOC = 1，正在转换；EOC = 0，转换结束，使用中该端信号状态既可作为查询的状态标志，又可作为中断请求信号使用。

9）VCC：电源供给输入端（+5V）。

10）V_R（±）：参考基准电源的正负输入端。参考电压用来与输入的模拟信号进行比较，作为逐次逼近的基准。其典型值为 +5V V_R(+) = +5V，V_R(-) = 0V。

2. ACC0809 芯片与单片机接口的应用

ADC0809 与 80C31 单片机的连接如图 8-16 所示。电路连接主要涉及两个问题：一是 8 路模拟信号通道选择，二是 A-D 转换完成后转换数据的传送。

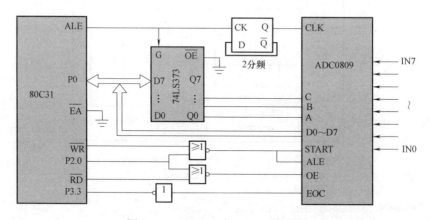

图 8-16   ADC0809 与 80C31 的连接

（1）8 路模拟通道选择   如图 8-16 所示，模拟通道选择信号 A、B、C 分别接最低 3 位地址 Q0、Q1、Q2（即 P0.0、P0.1、P0.2），而地址锁存允许信号 ALE 由 P2.0 控制，则 8 路模拟通道的地址为 0FEF8H ~ 0FEFFH。此外，通道地址选择以 $\overline{WR}$ 作写选通信号，这一部分电路连接如图 8-17 所示。

从图 8-17 中可以看到，把 ALE 信号和 START 信号连接到一起，这样连接使得在信号的前沿写入（锁存）通道地址，紧接着在其后沿就启动转换，图 8-18 是有关信号的时间配合示意图。

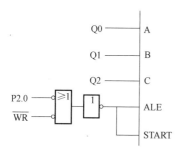

图 8-17　ADC0809 的部分信号连接

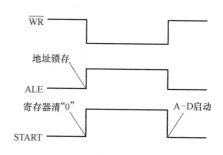

图 8-18　信号的时间配合

（2）转换数据的传送　A-D 转换后得到的数字量数据应及时传送给单片机进行处理。数据传送的关键问题是如何确认 A-D 转换的完成，因为只有确认数据转换完成后，才能进行传送。为此可采用下述三种方式：

1）定时传送方式。对于一种 A-D 转换器来说，转换时间作为一项技术指标是已知和固定的。例如 ADC0809 的转换时间为 128μs，相当于 6MHz 的 MCS-51 单片机的 64 个机器周期，可据此设计一个延时子程序，A-D 转换启动后即调用这个延时子程序，延迟时间一到，转换肯定已经完成了，接着就可以进行数据传送。

2）查询方式。A-D 转换芯片有表明转换完成的状态信号，例如 ADC0809 的 EOC 端。因此可以用查询方式，测试 EOC 的状态，即可确知转换是否完成，并接着进行数据传送。

3）中断方式。把表明转换完成的状态信号（EOC）作为中断请求信号，以中断方式进行数据传送。不管使用上述哪种方式（但中断方式可大大节省 CPU 的时间），只要一旦确认转换完成，即可通过指令进行数据传送。首先送出口地址并以 $\overline{RD}$ 作选通信号，当 $\overline{RD}$ 信号有效时，OE 信号即有效，把转换数据送上数据总线，供单片机接收。

例 8-1　设有一个 8 路模拟量输入的巡回检测系统，采样数据依次存放在外部 RAM 的 0A0H～0A7H 单元中，按图 8-16 所示的接口电路，ADC0809 的 8 个通道地址为 0FEF8H～0FEFFH，其数据采样的初始化程序和中断服务程序（假设只采样一次）如下：

```
        MOV   R0, #0A0H          ; 数据存储区首址
        MOV   R2, #08H           ; 8 路计数值
        SETB  IT1                ; 边沿触发方式
        SETB  EA                 ; 中断允许
        SETB  EX1                ; 开外部中断 1
        MOV   DPTR, #0FEF8H      ; A-D 转换器地址
LOOP:   MOVX  @ DPTR, A          ; 启动 A-D 转换器地址
HERE:   SJMP  HERE               ; 等待中断
中断服务程序：
        MOVX  A, @ DPTR          ; 数据采样
        MOVX  @ R0, A            ; 存数
        INC   DPTR               ; 指向下一个模拟通道
```

```
        INC   R0                              ；指向数据存储区下一单元
        MOVX  @DPTR，A
        DJNZ  R2，ADEND
        MOV   R2，#08H
        MOV   R0，  #0A0H
        MOV   DPTR，#0FEF8H
ADEND：RETI
```

8.2.3　A-D 转换应用设计

（1）设计要求　利用 ADC0808 的查询方式设计一个数字电压表。

（2）系统分析　根据设计要求分析，系统所需元器件：单片机 AT89C51、瓷片电容 CAP 30pF、晶振 CRYSTAL 12MHz、电阻 RES、按钮 BUTTON、电解电容 CAP-ELEC、DAC0832、示波器 OSCILLOSCOPE、滑动变阻器 POT-HG、ADC0808、液晶 7SEG-MPX4-CC-BLUE。

（3）系统原理图设计　数字电压表原理图如图 8-19 所示。

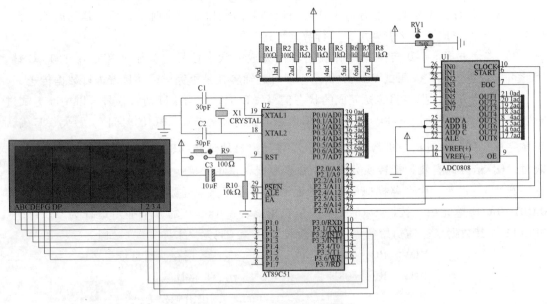

图 8-19　数字电压表原理图

（4）程序流程图设计　数字电压表程序流程图设计如图 8-20 所示。

（5）源程序设计

```
        ORG   0000H
        LJMP  MAIN
        ORG   000BH                          ；C/T0 入口地址
        AJMP  ST_ T0
        ORG   0100H
MAIN：MOV   DPTR，#TABLE
```

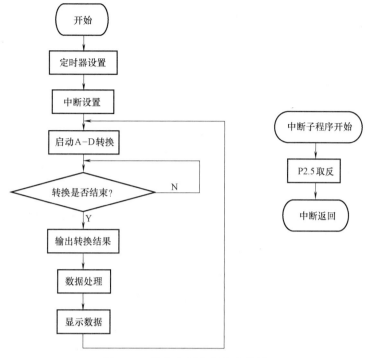

图 8-20　数字电压表程序流程图

```
        MOV   TMOD, #02H           ; C/T0, 自动重装
        MOV   TH0, #246            ; 波特率 = f_osc/32/12/ (256-246)
        MOV   TL0, #246
        MOV   IE, #82H             ; EA = 1, ET0 = 1
        SETB  TR0
WAIT:   CLR   P2. 6
        NOP
        NOP                        ; 启动 A-D 转换
        SETB  P2. 6
        NOP
        NOP
        CLR   P2. 6
        JNB P2. 2, $               ; 检测转换结束信号
        SETB  P2. 7               ; 允许输出
        MOV   R0, P0
        CLR   P2. 7
        MOV   A, R0
        MOV   B, #100
        DIV   AB
        MOV   30H, A
```

```
        MOV   A，B
        MOV   B，#10
        DIV   AB
        MOV   31H，A
        MOV   32H，B
        ACALL  DISP
        SJMP  WAIT
ST_ T0:CPL   P2.5                    ;产生分频时钟
        RETI
  DISP:MOV   A，30H
        MOVC  A，@A+DPTR
        CLR   P3.0
        MOV   P1，A
        ACALL  DELAY
        SETB  P3.0
        MOV   A，31H
        MOVC  A，@A+DPTR
        CLR   P3.1
        MOV   P1，A
        ACALL  DELAY
        SETB  P3.1
        MOV   A，32H
        MOVC  A，@A+DPTR
        CLR   P3.2
        MOV   P1，A
        ACALL  DELAY
        SETB  P3.2
        RET
 DELAY:MOV   R6，#250
        DJNZ  R6，$
        RET
 TABLE:DB 3FH，06H，5BH，4FH，66H，6DH，7DH，07H，7FH，6FH
        SJMP   $
        END
```

（6）在 Keil 中调试与仿真　创建"数字电压表"项目，并选择单片机型号为 AT89C51。输入汇编源程序，保存为"数字电压表 . ASM"。将源程序"数字电压表 . ASM"添加到项目中。编译源程序，并创建了"数字电压表 . HEX"。

（7）在 Proteus 中仿真　打开"数字电压表 . DSN"，左键双击 AT89C51 单片机，在"Program File"项中，选择在 Keil 中生成的十六进制文件"数字电压表 . HEX"。

单击按钮 ▶ 进行程序运行状态，观察运行结果。如图 8-21 所示。调动可变电阻，可在数码管中看到相应的电压值。

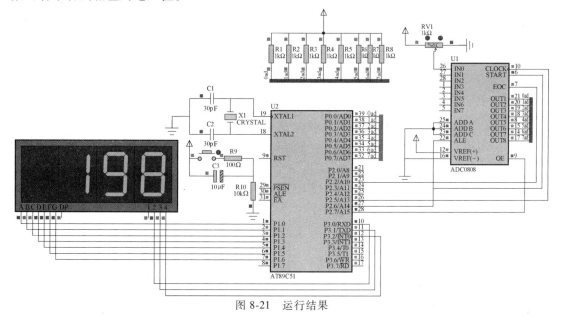

图 8-21 运行结果

本 章 总 结

本章讲述了 8051 系列单片机的测控接口技术，主要涉及如下内容：

1）A-D 和 D-A 转换器是计算机对外界进行测控的重要途径，由于计算机只能处理数字信号，所以外界的被测控对象的物理模拟量就要由 A-D 或 D-A 来转换，它们的重要指标是转换速度和转换精度。

2）A-D 转换器负责将外部输入的检测信号（模拟量）转换成数字量信号送给单片机。按转换原理可分为计数式 A-D、并行式 A-D、双积分式 A-D 和逐次逼近式 A-D，后两种较为常用。本章详细介绍了 ADC0809 及与 8051 的接口电路，叙述了 A-D 转换后二者间的数据传送方式，即定时传送方式、查询方式和中断方式。通过实例介绍了数据传送的编程方法。

3）D-A 转换器是负责将单片机输出的控制信号（数字量）转换成模拟电压或电流信号送外部设备。D-A 转换器的转换速度在几微秒到几百微秒之间，转换精度有 8 位、10 位、12 位和 16 位。本章详细介绍了 DAC0832 及其与 8051 单缓冲方式和双缓冲方式的接口应用。

习 题

8-1 单选题

（1）在应用系统中，芯片内没有锁存器的 D-A 转换器，不能直接接到 8051 的 P0 口上使用，这是因为（ ）。

A. P0 口不只有锁存功能 B. P0 口为地址数据复用

C. P0 口不能输出数字量信号 D. P0 口只能用作地址输出而不能用作数据输出

（2）在使用多片 DAC0832 进行 D-A 转换并分时输入数据的应用中，它的两级数据锁存结构可以（ ）。

A. 保证各模拟电压能同时输出　　　　B. 提高 D-A 转换速度

C. 提高 D-A 转换精度　　　　　　　D. 增加可靠性

（3）使用 D-A 转换器再配以相应的程序，可以产生锯齿波，该锯齿波的（　　　）。

A. 斜率是可调的　　　　　　　　　B. 幅度是可调的

C. 极性是可变的　　　　　　　　　D. 回程斜率只能是垂直的

（4）下列是把 DAC0832 连接成双缓冲方式并进行正确数据转换的措施，其中错误的是（　　　）。

A. 给两个寄存器各分配一个地址

B. 把两个地址译码信号分别接$\overline{CS}$和$\overline{XFER}$引脚

C. 在程序中使用一条 MOVX 指令输出数据

D. 在程序中使用两条 MOVX 指令输出数据

（5）与其他接口芯片和 D-A 转换芯片不同，A-D 转换芯片中需要编址的是（　　　）。

A. 用于转换数据输出的数据锁存器　　B. A-D 转换电路

C. 模拟信号输入的通道　　　　　　D. 地址锁存器

8-2　填空题

（1）D-A 转换电路之前必须设置数据锁存器，这是因为_____。

（2）对于电流输出的 D-A 转换器，为了得到电压的转换结果，应使用_____。

（3）在脉冲调控法控制电动机启动和调节电动机转速的控制电路中，可使用 D-A 转换器产生_____。

（4）使用双缓冲方式的 D-A 转换器，可以实现多路模拟信号的_____输出。

（5）A-D 转换器按转换原理可分为 4 种，即_____式、_____式、_____式和_____式。

（6）A-D 转换器芯片 ADC0809 中，既可作为查询的状态标志，又可作为中断请求信号使用的_____信号是 EOC。

8-3　D-A 转换器的作用是什么？A-D 转换器的作用是什么？各在什么场合下使用？

8-4　D-A 转换器的主要性能指标有哪些？设某 DAC 有二进制 14 位，满量程模拟输出电压为 10V，试问它的分辨率和转换精度各为多少？

8-5　多片 D-A 转换器为什么必须采用双缓冲接口方式？

8-6　试述什么是 D-A 转换器的单缓冲、双缓冲和直通三种工作方式。

8-7　DAC 的单极性和双极性电压输出的根本区别是什么？

8-8　DAC0832 作控制放大器使用时，为什么输入数字量不能为零？

8-9　ADC 共分哪几种类型？各有什么特点？

8-10　逐次逼近式 A/D 转换器由哪几部分组成？各部分的作用是什么？

8-11　决定 ADC0809 模拟电压输入路数的引脚有哪几条？

8-12　8031 和 ADC0809 的接口电路，设在内部 RAM 始址为 20H 处有一数据区，请写出对 8 路模拟电压连续采集并存入（或更新）这个数据区的程序。

8-13　利用 DAC0832 输出 15 个台阶的正向阶梯波，试画出接口电路图，编写控制程序。

8-14　使用 8051 和 ADC0809 芯片设计一个巡回检测系统。共有 8 路模拟量输入，采样周期为 1s，其他未列条件可自定。请画出电路连接图并进行程序设计。

第9章

单片机C语言开发基础

本章学习任务：

- 掌握 C 语言编程方法
- 掌握单片机 C 语言设计

简洁、结构化的 C 语言以其开发速度快、执行效率高、可移植性强、可以大幅度加快开发速度，特别是开发一些复杂的系统，程序量越大，用 C 语言越有优势等优点，受到单片机开发人员的喜爱。

9.1　C 语言源程序的结构特点

下面了解 C 语言的结构特点、基本组成和书写格式。

```
#include<reg51.h>    /* C 语言的预编译处理,包含 51 单片机寄存器定义的头文件 */
void   main(void)    //主函数,第一个 void 表示无返回值,第二个 void 表示没有参数传递
{                    //每个函数必须以"{"开始
P1 = 0xff;           //赋值语句
}                    //每个函数必须以"}"结束
```

1. "文件包含"处理

程序的第一行是一个"文件包含"处理，其意义是指一个文件将另外一个文件的内容全部包含进来。由于单片机不识别"P1"，要想让单片机认识必须给"P1"做一些定义。这种定义已经由开发软件（Keil C51）完成了。

2. main( ) 函数

"main( )"函数被称为主函数，每个 C 语言程序必须有且只有一个主函数，函数后面一定要有一对大括号"{ }"，程序就写在大括号里面。

3. 语句结束标志

语句必须以分号";"结尾。

4. 注释

C 语言程序中的注释只是为了提高程序的可读性，在编译时，注释的内容不会被执行。注释有两种方式：一种采用"/* …… */"的格式，另一种采用"//"的格式。两者的区别是前一种可以注释多行内容，后者只能注释一行内容。

9.2　标识符和关键字

9.2.1　标识符

用计算机语言编写程序的目的是处理数据，因此，数据是程序的重要组成部分。然而参与计算的数据的值特别是计算结果在编程时是不知道的，人们只能用变量表示。用来标识常量名、变量名、函数名等对象的有效字符序列称为标识符（Identifier）。简单地说，标识符就是一个名字。在程序中的标识符命名应当简洁明了，含义清晰，便于阅读。

合法的标识符由字母、数字和下划线组成，并且第一个字符必须为字母或下划线。例如：area、PI、_ini、a_array、s123、P101p 都是合法的标识符，而 456P、cade-y、w.w、a&b 都是非法的标识符。

在 C51 语言的标识符中，大、小写字母是严格区分的。因此，page 和 Page 是两个不同的标识符。对于标识符的长度（一个标识符允许的字符个数），一般取前 8 个字符，多余的字符将不被识别。

C51 语言的标识符可以分为 3 类：关键字、预定义标识符和自定义标识符。

9.2.2　关键字

关键字是 C51 语言规定的一批标识符，在源程序中代表固定的含义，为了定义变量、表达语句功能和对一些文件预处理，不能另作它用。C51 语言除了支持 ANSI 标准 C 语言中的关键字（见表 9-1）外，还根据 51 系列单片机的结构特点扩展部分关键字，如表 9-2 所示。

表 9-1　标准 C 语言中的常用关键字

类　别	关 键 字	用 途 说 明
定义变量的数据类型	char	定义字符型变量
	double	定义双精度实型变量
	enum	定义枚举型变量
	float	定义单精度实型变量
	int	定义基本整型变量
	long	定义长整型变量
	short	定义短整型变量
	signed	定义有符号变量，二进制数据的最高位为符号位
	struct	定义结构型变量
	typedef	定义新的数据类型说明符
	union	定义联合型变量
	unsigned	定义无符号变量
	void	定义无类型变量
	volatile	定义在程序执行中可被隐含地改变的变量

（续）

类　别	关　键　字	用　途　说　明
定义变量的存储类型	auto	定义局部变量,是默认的存储类型
	const	定义符号常量
	extern	定义全局变量
	register	定义寄存器变量
	static	定义静态变量
控制程序流程	break	退出本层循环或结束 switch 语句
	case	switch 语句中的选择项
	continue	结束本次循环,继续下一次循环
	default	switch 语句中的默认选择项
	do	构成 do…while 循环语句
	else	构成 if…else 选择语句
	for	for 循环语句
	goto	转移语句
	if	选择语句
	return	函数返回
	switch	开关语句
	while	while 循环语句
运算符	sizeof	用于测试表达式或数据类型所占用的字节数

表 9-2　C51 语言中新增的常用关键字

序号	类　别	关键字	用　途　说　明
1	定义数据存储区域	bdata	可位寻址的片内数据存储器(20H~2FH)
		code	程序存储器
		data	可直接寻址的片内数据存储器
		idata	可间接寻址的片内数据存储器
		pdata	可分页寻址的片外数据存储器
		xdata	片外数据存储器
2	定义数据存储模式	compact	指定使用片外分页寻址的数据存储器
		large	指定使用片外数据存储器
		small	指定使用片内数据存储器
3	定义数据类型	bit	定义一个位变量
		sbit	定义一个位变量
		sfr	定义一个 8 位的 SFR
		sfr16	定义一个 16 位的 SFR
4	定义中断函数	interrupt	声明一个函数为中断服务函数
5	定义再入函数	reentrant	声明一个函数为再入函数
6	定义当前工作寄存器组	using	指定当前使用的工作寄存器组
7	地址定位	-at-	为变量进行存储器绝对地址空间定位
8	任务声明	-task-	定义实时多任务函数

9.3 常　　量

在程序运行过程中其值始终不变的量称为常量。在 C51 语言中，可以使用整型常量、实型常量、字符型常量。

9.3.1 整型常量

整型常量又称为整数。在 C51 语言中，整数可以用十进制、八进制和十六进制形式来表示。但是，C51 中数据的输出形式只有十进制和十六进制两种，并且在 Keil μVision2 中的 Watches 对话框中可以切换，如图 9-1 所示。

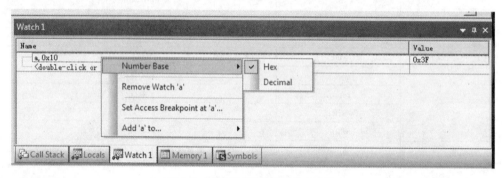

图 9-1　C51 中数据输出形式选择

十进制数：用一串连续的数字来表示，如 12、-1、0 等。

八进制数：用数字 0 开头，如 010、-056、011 等。

十六进制数：用数字 0 和字母 x 或 X 开头，如 0x5a、-0x9c 等。

例如，下列程序片段的执行结果为 sum = 497（或 0x1F1）。

int i = 123，j = 0123，k = 0x123，sum；

sum = i + j + k；

C51 语言中，还可以用一个"特别指定"的标识符来代替一个常量，称为符号常量。符号常量通常用#define 命令定义，如

#define PI 3.14159 // 定义符号常量 PI = 3.14159

定义了符号常量 PI，就可以用下例语句计算半径为 r 的圆的面积 S 和周长 L。

S = PI * r * r；　// 在程序中引用符号常量 PI

L = 2 * PI * r；　// 在程序中引用符号常量 PI

9.3.2 实型常量

实型常量又称实数。在 C51 语言中，实数有两种表示形式，均采用十进制数，默认格式输出时最多只保留 6 位小数。

小数形式：由数字和小数点组成。例如，0.123、.123、123.、0.0 等都是合法的实型常量。

指数形式：小数形式的实数 E［±］整数。例如，2.3026 可以写成 0.23026E1，或 2.3026E0，或 23.026E-1。

9.3.3　字符型常量

用单引号括起来的一个 ASCII 字符集中的可显示字符称为字符常量。例如，'A'、'a'、'9'、'#'、'%'都是合法的字符常量。

C51 语言规定，所有字符常量都可作为整型常量来处理。字符常量在内存中占一个字节，存放的是字符的 ASCII 代码值。因此，字符常量'A'的值可以是 65 或 0x41；字符常量'a'的值可以是 97 或 0x61。

例如，下列程序片段的执行结果为 z = 16（或 0x10）。

unsigned charx = 'A', y = 'a';

unsigned z；

z = (y-x)/2；

9.4　数　据　类　型

9.4.1　基本数据类型

数据类型是指变量的内在存储方式，即存储变量所需的字节数以及变量的取值范围。C51 语言中变量的基本数据类型如表 9-3 所示，其中 bit、sbit、sfr、sfr16 为 C51 语言新增的数据类型，可以更加有效地利用 51 系列单片机的内部资源。所谓变量，是指在程序运行过程中其值可以改变的量。

表 9-3　C51 语言中的基本数据类型

数据类型	占用的字节数	取 值 范 围
unsigned char	单字节	0 ~ 255
signed char	单字节	−128 ~ +127
unsigned int	双字节	0 ~ 65535
signed int	双字节	−32768 ~ +32767
unsigned long	四字节	0 ~ 4294967295
signed long	四字节	−2147483648 ~ +2147483647
float	四字节	±1.175494E-38 ~ ±3.402823E+38
*	1 ~ 3 字节	对象的地址
bit	位	0 或 1
sbit	位	0 或 1
sfr	单字节	0 ~ 255
sfr16	双字节	0 ~ 65535

变量应该先定义后使用，定义格式如下：

数据类型变量标识符 [＝初值]

变量定义通常放在函数的开头部分，但也可以放在函数的外部或复合语句的开头。以 unsignedint 为例，变量的定义方式主要有以下 3 种：

unsigned int k;　　　　　　//定义变量 k 为无符号整型

unsigned int i,j,k;　　　　　//定义变量 i、j、k 为无符号整型

unsigned int i＝6,j;　　　　//定义变量的同时给变量赋初值,变量初始化

当在一个表达式中出现不同数据类型的变量时，必须进行数据类型转换。C51 语言中数据类型的转换有两种方式：自动类型转换和强制类型转换。

1. 自动类型转换。

不同数据类型的变量在运算时，由编译系统自动将它们转换成同一数据类型，再进行运算。自动转换规则如下：

bit→char→int→long→float

signed→unsigned

自左至右数据长度增加，即参加运算的各个变量都转换为它们之中数据最长的数据类型。

当赋值运算符左右两侧类型不一致时，编译系统会按上述规则，自动把右侧表达式的类型转换成左侧变量的类型，再赋值。

2. 强制类型转换。

根据程序设计的需要，可以进行强制类型转换。强制类型转换是利用强制类型转换符将一个表达式强制转换成所需要的类型。其格式如下：

（类型）表达式

例如，（int）5.87＝5。

注意：无论是自动转换还是强制转换，都局限于某次运算，并不改变数据说明时对变量规定的数据类型。

例 9-1　数据类型转换。

```
#include<reg52.h>
void main()
{
floatx＝3.5,y,z,l;
unsigned int i＝6,j;
j＝x+i;            //结果为整型
y＝x+i;            //结果为实型
l＝i+(int)5.8;     //将 5.8 强制转换为整型,结果为实型
z＝(float)i+5.8;   //将 i＝6 强制转换为实型,结果为实型
}
```

在 Keil μVision2 的 Watches 窗口中可以观察程序运行的结果。

9.4.2　新增数据类型

下面重点介绍 C51 语言中新增的数据类型 bit、sbit、sfr 和 sfr16。

1. Bit

在 51 系列单片机的内部 RAM 中，可以位寻址的单元主要有两大类：低 128 字节中的位寻址区（20H~2FH），高 128 字节中的可位寻址的 SFR，有效的位地址共 210 个（其中位寻址区有 128 个，可位寻址的 SFR 中有 82 个），如表 9-4 所示。

表 9-4 RAM 位寻址区位地址表

字节地址	MSB			位地址			LSB	
2FH	7F	7E	7D	7C	7B	7A	79	78
2EH	77	76	75	74	73	72	71	70
2DH	6F	6E	6D	6C	6B	6A	69	68
2CH	67	66	65	64	63	62	61	60
2BH	5F	5E	5D	5C	5B	5A	59	58
2AH	57	56	55	54	53	52	51	50
29H	4F	4E	4D	4C	4B	4A	49	48
28H	47	46	45	44	43	42	41	40
27H	3F	3E	3D	3C	3B	3A	39	38
26H	37	36	35	34	33	32	31	30
25H	2F	2E	2D	2C	2B	2A	29	28
24H	27	26	25	24	23	22	21	20
23H	1F	1E	1D	1C	1B	1A	19	18
22H	17	16	15	14	13	12	11	10
21H	0F	0E	0D	0C	0B	0A	09	08
20H	07	06	05	04	03	02	01	00

关键字 bit 可以定义存储于位寻址区中的位变量。位变量的值只能是 0 或 1。bit 型变量的定义方法如下：

bit flag ;   //定义一个位变量 flag

bit flag=1 ;   //定义一个位变量 flag 并赋初值 1

Keil C51 编译器对关键字 bit 的使用有如下限制：

不能定义位指针。如

bit * P ； //非法定义,关键字 bit 不能定义位指针

不能定义位数组。如

bit P[8]； //非法定义,关键字 bit 不能定义位数组

用 "#pragma disable" 说明的函数和用 "using n" 明确指定工作寄存器组的函数，不能返回 bit 类型的值。

例 9-2 基于图 9-2 所示的单片机应用系统，编写程序使发光二极管 D1 闪烁。

/ *** ****

程序功能：使用位变量 flag，控制图 9-2 中的发光二极管 D1 闪烁

*** /

#include<reg52. h>

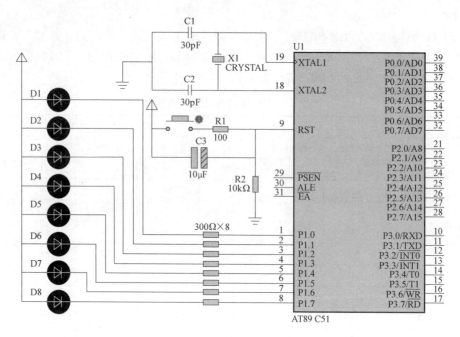

图 9-2　单片机应用系统原理图

```
void main( )
{
unsigned in ti;      //定义无符号整型变量 i,用于循环延时
bit flag;               //定义位变量 flag,用于控制发光二极管 D1 的开、关
flag = 1;
P1 = 0x00;              //关闭接在 P1 口的所有发光二极管
do{
if( flag = = 1){    //如果 flag = 1,则打开 D1,并清零 flag
P1 = 0x01;
flag = 0;
}
else{               //如果 flag ≠ 1,则关闭 D1,并置位 flag
P1 = 0x00;
flag = 1;
}
for( i = 0;i < 10000;i--){ ;}//空循环,用于延时
}
while( 1);
}
```

2. sbit

关键字 sbit 用于定义存储在可位寻址的 SFR 中的位变量，为了区别于 bit 型位变量，称用 sbit 定义的位变量为 SFR 位变量。SFR 位变量的值只能是 0 或 1。51 系列单片机中 SFR 位

变量的存储范围如表 9-5 所示。

表 9-5　51 系列单片机中不可位寻址的 SFR

SFR 名称	SFR 地址	SFR 名称	SFR 地址
SP	81H	TL0	8AH
DPL	82H	TH0	8BH
DPH	83H	TL1	8CH
PCON	87H	TH1	8DH
TMOD	89H	SBUF	99H

SFR 位变量的定义通常有以下 3 种用法：

1）使用 SFR 的位地址：

sbit 位变量名 = 位地址

2）使用 SFR 的单元名称：

sbit 位变量名 = SFR 单元名称^变量位序号

3）使用 SFR 的单元地址：

sbit 位变量名 = SFR 单元地址^变量位序号

例如，下列 3 种方式均可以定义 P1 口的 P1.2 引脚：

sbit P1_2 = 0x92;　//0x92 是 P1.2 的位地址值

sbit P1_2 = P1^2;　//P1.2 的位序号为 2,需事先定义好特殊功能寄存器 P1

sbit P1_2 = 0x90^2;　//0x90 是 P1 的单元地址

例 9-3　基于图 9-2 所示的单片机应用系统，编写程序使发光二极管 D0、D1、D2 同时闪烁。

```
#include<reg52.h>
sbit P1_0 = 0x90;          //定义 P1 口的 P1.0 引脚
sbit P1_1 = P1^1;          //定义 P1 口的 P1.1 引脚
sbit P1_2 = 0x90^2;        //定义 P1 口的 P1.2 引脚
void delay(unsigned int z)
{
 unsigned int x,y;
  for(x=z;x>0;x--);
 for(y=110;y>0;y--);
}
voidmain()
  {
unsigned int i;            //定义无符号整型变量 i,用于循环延时
P1=0x00;                   //关闭接在 P1 口的所有发光二极管
 do{
 P1_0=1;
 P1_1=1;
```

```
P1_2 = 1;                    //将 sbit 型变量 P1_2 取反
delay(1000);
P1 = 0x00;
delay(1000);
for(i = 0;i<10000;i--);
}
while(1);
}
```

在 Keil μVision2 中的 Parallel Port 1 对话框和 Memory 对话框均可以观察程序运行的结果，如图 9-3 所示。如果将 Keil μVision2 生成的 HEX 文件装入图 9-2 中的 AT89C52 中，则可以在 Proteus ISIS 中看到硬件仿真结果。

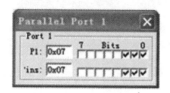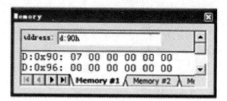

图 9-3　软件仿真结果

3. Sfr

利用 sfr 型变量可以访问 51 系列单片机内部所有的 8 位特殊功能寄存器。51 系列单片机内部共有 21 个 8 位的特殊功能寄存器，其中 11 个是可以位寻址的（见表 9-4），10 个是不可以位寻址的（见表 9-5）。

sfr 型变量的定义方法如下：

sfr 变量名 = 某个 SFR 地址

例 9-4　基于图 9-2 所示的单片机应用系统，编写程序使发光二极管 D0、D1、D2 同时闪烁。

```
#include<reg52.h>
sfr PortP1 = 0x90;        //定义 sfr 型变量 PortP1,并指向特殊功能寄存器 P1
sbit P1_0 = PortP1^0;    //定义 P1 口的 P1.0 引脚
sbit P1_1 = PortP1^1;    //定义 P1 口的 P1.1 引脚
sbit P1_2 = PortP1^2;    //定义 P1 口的 P1.2 引脚
void delay(unsigned int z)
  {
   unsigned int x,y;
  for(x = z;x>0;x--);
  for(y = 110;y>0;y--);
  }
 void main()
  {
```

```
unsigned int i;              //定义无符号整型变量 i,用于循环延时
P1 = 0x00;                   //关闭接在 P1 口的所有发光二极管
while(1)
{
P1_0 = 1;
P1_1 = 1;
P1_2 = 1;
delay(1000);
P1 = 0x00;
delay(1000);
for(i = 0;i < 10000;i--){;}
}
}
```

事实上，Keil C51 编译器已经在相关的头文件中对 51 系列单片机内部的所有 sfr 型变量和 sbit 型变量进行了定义，在编写 C51 程序时可以直接引用，如本例中的"reg51. h"。打开头文件"reg51. h"，可以看到以下内容。

```
/* -----------------------------------------------------------------
REG51. H
Header file for generic 80C51 and 80C31 microcontroller.
Copyright (c)1988-2002 Keil Elektronik GmbH and Keil Software, Inc.
All rights reserved.
----------------------------------------------------------------- */
#ifndef __REG51_H__
#define __REG51_H__
/* BYTE Register */
sfr P0 = 0x80; // 定义 8 位的特殊功能寄存器
sfr P1 = 0x90;
sfr P2 = 0xA0;
sfr P3 = 0xB0;
sfr PSW = 0xD0;
sfr ACC = 0xE0;
sfr B = 0xF0;
sfr SP = 0x81;
sfr DPL = 0x82;
sfr DPH = 0x83;
sfr PCON = 0x87;
sfr TCON = 0x88;
sfr TMOD = 0x89;
sfr TL0 = 0x8A;
```

```
sfr TL1 = 0x8B;
sfr TH0 = 0x8C;
sfr TH1 = 0x8D;
sfr IE = 0xA8;
sfr IP = 0xB8;
sfr SCON = 0x98;
sfr SBUF = 0x99;
/* BIT Register */
/* PSW */
sbit CY = 0xD7; // 定义 PSW 中的标志位
sbit AC = 0xD6;
sbit F0 = 0xD5;
sbit RS1 = 0xD4;
sbit RS0 = 0xD3;
sbit OV = 0xD2;
sbit P = 0xD0;
/* TCON */
sbit TF1 = 0x8F; // 定义 TCON 中的标志位
sbit TR1 = 0x8E;
sbit TF0 = 0x8D;
sbit TR0 = 0x8C;
sbit IE1 = 0x8B;
sbit IT1 = 0x8A;
sbit IE0 = 0x89;
sbit IT0 = 0x88;
/* IE */
sbit EA = 0xAF; // 定义 IE 中的标志位
sbit ES = 0xAC;
sbit ET1 = 0xAB;
sbit EX1 = 0xAA;
sbit ET0 = 0xA9;
sbit EX0 = 0xA8;
/* IP */
sbit PS = 0xBC; // 定义 IP 中的标志位
sbit PT1 = 0xBB;
sbit PX1 = 0xBA;
sbit PT0 = 0xB9;
sbit PX0 = 0xB8;
/* P3 */
```

sbit RD = 0xB7;// 定义 P3 口引脚的第二功能

sbit WR = 0xB6;

sbit T1 = 0xB5;

sbit T0 = 0xB4;

sbit INT1 = 0xB3;

sbit INT0 = 0xB2;

sbit TXD = 0xB1;

sbit RXD = 0xB0;

/* SCON */

sbit SM0 = 0x9F;// 定义 SCON 中的标志位

sbit SM1 = 0x9E;

sbit SM2 = 0x9D;

sbit REN = 0x9C;

sbit TB8 = 0x9B;

sbit RB8 = 0x9A;

sbit TI = 0x99;

sbit RI = 0x98;

#endif

因此, 只要在程序的开头添加了 #include <reg51.h>, 对 reg51.h 中已经定义了的 sfr 型、sbit 型变量, 若无特殊需要, 则不必重新定义, 直接引用即可。值得注意的是, 在 reg51.h 中未给出 4 个 I/O 口 (P0~P3) 的引脚定义。

4. sfr16

与 sfr 类似, sfr16 可以访问 51 系列单片机内部的 16 位特殊功能寄存器 (如定时器 T0 和 T1), 在此不再赘述。

9.5　存储区域与存储模式

51 系列单片机应用系统的存储器结构如图 9-4 所示, 包括 5 个部分: 片内程序存储器

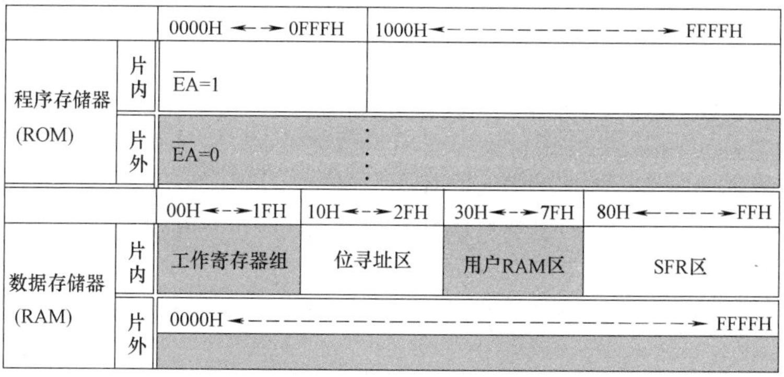

程序存储器 (ROM)	片内	0000H ←→ 0FFFH $\overline{EA}=1$	1000H – – – – – – – – – – – – – – – – – FFFFH		
	片外	$\overline{EA}=0$			
数据存储器 (RAM)	片内	00H←→1FH 工作寄存器组	10H←→2FH 位寻址区	30H←→7FH 用户RAM区	80H←– – –FFH SFR区
	片外	0000H – → FFFFH			

图 9-4　51 单片机应用系统的存储器结构

（片内 ROM）、片外程序存储器（片外 ROM）、片内数据存储器（片内 RAM）、片内特殊功能寄存器（SFR）、片外数据存储器（片外 RAM）。

从图 9-4 中可以看出，51 系列单片机应用系统存储器的编址情况，具体如下：

1）片内、片外统一编址的 64KB 程序存储器（用 16 位地址）。其中，当引脚 = 1 时，使用片内的 0000H~0FFFH；当引脚 = 0 时，使用片外的 0000H~0FFFH。

2）片内 RAM 与 SFR 统一编址的 256B 数据存储器（用 8 位地址）。其中，低 128B 又分为工作寄存器组（00H~1FH）、位寻址区（10H~2FH）、用户 RAM 区（30H~7FH）3 部分。

3）片外 64KB 数据存储器（16 位地址）。

9.5.1 存储区域

针对 51 系列单片机应用系统存储器的结构特点，Keil C51 编译器把数据的存储区域分为 6 种：data、bdata、idata、xdata、pdata、code，如表 9-6 所示。在使用 C51 语言进行程序设计时，可以把每个变量明确地分配到某个存储区域中。由于对内部存储器的访问比对外部存储器的访问快许多，因此应当将频繁使用的变量存放在片内 RAM 中，而把较少使用的变量存放在片外 RAM 中。

表 9-6　C51 语言中变量的存储区域

存储区域	说　　明
data	片内 RAM 的低 128B，可直接寻址，访问速度最快
bdata	片内 RAM 的低 128B 中的位寻址区(10H~2FH)，既可以字节寻址，又可以位寻址
idata	片内 RAM(256B，其中低 128B 与 data 相同)，只能间接寻址
xdata	片外 RAM(最多 64KB)
pdata	片外 RAM 中的 1 页或 256B，分页寻址
code	程序存储区(最多 64KB)

有了存储区域的概念后，变量的定义格式变为

数据类型　　　　［存储区域］　　　变量名称

例 9-5　存储区域的使用。

```
#include <reg51. h>
void main( )
{
unsigned char data x1;        //定义无符号字符型变量 x1,使其存储在 data 区,占 1 个字节
unsigned char bdata x2;       //定义无符号字符型变量 x2,使其存储在 bdata 区,占 1 个
                              //字节,可位寻址
unsigned int bdata x3;        //定义无符号整型变量 x3,使其存储在 bdata 区,占 2 个
                              //字节,可位寻址
bit flag;                     //定义位变量 flag,使其存储在 bdata 区,占 1 个位,可位寻址
x1 = 0x1f;
x2 = x1+0xe0;
```

x3 = x1 ∗ x2;

if(x3^10&&x2^5)flag = 1;　　 // 如果 x3 的第 10 位和 x2 的第 5 位均为 1,则 flag = 1

else flag = 0;　　　　　　　 // 否则 flag = 0

for(; ;);　　　　　　　　 // 原地踏步,目的是为了完整地观察程序的调试运行结果

}

在 Keil μVision2 中的 Watches 对话框中可以看到例 9-5 的单步仿真运行结果, 如图 9-5a 所示。在图 9-5b 所示的 Memory 对话框中可以看到: x2 占用的是位寻址区的 20H 单元; x3 占用的是位寻址区的 21H、22H 单元; flag 占用的是位寻址区的 23H 单元的第 0 位。

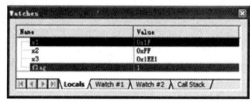
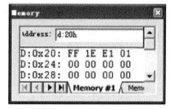

a) Watches对话框　　　　　　　　　　　　 b) Memory对话框

图 9-5　例 9-5 的运行结果

在使用存储区域时, 还应该注意以下几点:

1) 标准变量和用户自定义变量都可以存储在 data 区中, 只要不超过 data 区范围即可。由于 51 系列单片机没有硬件报错机制, 当设置在 data 区的内部堆栈溢出时, 程序会莫名其妙地复位。为此, 要根据需要声明足够大的堆栈空间以防止堆栈溢出。

2) Keil C51 编译器不允许在 bdata 区中声明 float 和 double 型的变量。

3) 对 pdata 和 xdata 的操作是相似的。但是, 对 pdata 区的寻址要比对 xdata 区的寻址快, 因为对 pdata 区的寻址只需装入 8 位地址; 而对 xdata 区的寻址需装入 16 位地址, 所以要尽量把外部数据存储在 pdata 区中。

4) 程序存储区的数据是不可改变的, 编译的时候要对程序存储区中的对象进行初始化; 否则就会产生错误。

9.5.2　存储模式

存储模式用于决定没有明确指定存储类型的变量、函数参数等的默认存储区域。KeilC51 编译器提供的存储模式共有 3 种: Small、Compact 和 Large。具体使用哪一种模式, 可以在 Target 设置界面中的 Memory Mode 下拉列表框中进行选择。

1. Small 模式

没有指定存储区域的变量、参数都默认存放在 data 区域内。优点是访问速度快; 缺点是空间有限, 只适用于小程序。

2. Compact 模式

没有指定存储区域的变量、参数都默认存放在 pdata 区域内。具体存放在哪一页可由 P2 口指定, 在 STARTUP. A51 文件中说明, 也可用 pdata 指定。空间比 Small 模式大, 速度比 Small 模式慢, 比 Large 模式快, 是一种中间状态。

3. Large 模式

没有指定存储区域的变量、参数都默认存放在 xdata 区域内。优点是空间大, 可存变量

多；缺点是速度较慢。

9.6　运算符与表达式

从前面的例子可以看出，C51 语言的语句都是由表达式构成的，而表达式是由运算符和运算对象构成的，其中运算符是表达式的核心。

C51 语言的运算符种类十分丰富，将除了输入、输出和流控制以外的几乎所有基本操作都作为一种"运算"来处理。表 9-7 给出了部分常用运算符。其中，运算类型中的"目"是指运算对象。当只有一个运算对象时，称为单目运算符；当运算对象为两个时，称为双目运算符；当运算对象为 3 个时，称为三目运算符。

把参加运算的数据（常量、变量、库函数和自定义函数的返回值）用运算符连接起来的有意义的算式称为表达式。例如：3

a + b * c

a + cos(x)／y

a！= b

凡是表达式都有一个值，即运算结果。当不同的运算符出现在同一表达式中时，运算的先后次序取决于运算符优先级的高低以及运算符的结合性。

1）优先级：运算符按优先级分为 15 级，如表 9-7 所示。

当运算符的优先级不同时，优先级高的运算符先运算。

当运算符的优先级相同时，运算次序由结合性决定。

2）结合性：运算符的结合性分为从左至右、从右至左两种。例如：

a * b／c ／／从左至右

a += a -= a * a ／／从右至左

表 9-7　运算符的优先级和结合性

优 先 级	运 算 符	运算符功能	运算类型	结合方向
1	（ ） ［ ］	圆括号、函数参数表 数组元素下标	括号运算符	从左至右
2	！ ~ ++、-- + - * & （类型名） sizeof	逻辑非 按位取反 自增 1、自减 1 求正 求负 间接运算符 求地址运算符 强制类型转换 求所占字节数	单目运算符	从右至左
3	*、／、%	乘、除、整数求余	双目算术运算符	从左至右
4	+、-	加、减		
5	<<、>>	向左移位、向右移位	双目移位运算符	

（续）

优 先 级	运 算 符	运算符功能	运算类型	结合方向
6	<、<=、>、>=	小于、小于等于、大于、大于等于	双目关系运算符	从左至右
7	==、!=	恒等于、不等于	双目位运算符	
8	&	按位与		
9	^	按位异或		
10	|	按位或	双目逻辑运算符	
11	&&	逻辑与		
12	||	逻辑或		
13	?:	条件运算	三目条件运算符	从右至左
14	=、 +=、-=、*=、/=、 %=、&=、|=等	简单赋值、 复合赋值（计算并赋值）	双目赋值运算符	从右至左
15	,	顺序求值	顺序运算符	从左至右

9.6.1　算术运算符与算术表达式

算术运算符共有 7 个：+、-、*、/、%、++、--。其中，+、-、*、/、%为双目算术运算符；++、--为单目算术运算符。

1. 双目算术运算符

在使用双目算术运算符+、-、*、/、%时，应注意以下几点：

1）乘法运算符"*"不能省略，也不能写成"×"或"."。

2）对于除法运算符"/"，当运算对象均为整数时，结果也为整数，小数部分被自动舍去；当运算对象中有一个是实数时，则结果为双精度实数。例如：

2/5 // 结果为 0

2.0/5 // 结果为 0.400000

3）求余运算符"%"仅适用于整型和字符型数据。求余运算的结果符号与被除数相同，其值等于两数相除后的余数。例如：

1%2 // 结果为 1

1%（-2）// 结果为 1

（-1)%2 // 结果为-1

2. 单目算术运算符

单目算术运算符++、--又称为自增自减运算符，是 C51 语言最具特色的运算符，也是学习 C51 语言的一个难点。在使用自增自减运算符时，应注意以下几点：

1）++、--的运算结果是使运算对象的值增 1 或减 1。例如

i++ // 相当于 i = i+1

i-- // 相当于 i = i-1

2）++、--是单目运算符，运算对象可以是整型或实型变量，但不能是常量或表达式，如++3、（i+j)--等都是非法的。

3）++、--既可用作前缀运算符，也可用作后缀运算符。

++i // 前缀，先加后用：先将 i 的值加 1，然后使用 i

i++ // 后缀，先用后加：先使用 i，然后将 i 的值加 1

--i // 前缀，先减后用：先将 i 的值减 1，然后使用 i

i-- // 后缀，先用后减：先使用 i，然后将 i 的值减 1

4）不要在一个表达式中对同一个变量进行多次诸如++i 或 i++等运算，例如

i++ * ++i + i-- * --i

这种表达式不仅可读性差，而且不同的编译系统对这样的表达式将做不同的解释，进行不同的处理，因而所得结果也各不相同。

例 9-6　自增自减运算符的使用。

```c
#include <reg51.h>
void main( )
{
unsigned int i=3, j, k;
j=(++i)    +5;          // 前缀，先加后用
k=(i++)    +6;          // 后缀，先用后加
}
```

在 Keil μVision2 中的 Watches 对话框中可以看到例 9-6 的运行结果，如图 9-6 所示。

3. 算术表达式

用算术运算符把参加运算的数据（常量、变量、库函数和自定义函数的返回值）连接起来的有意义的算式称为算术表达式。例如

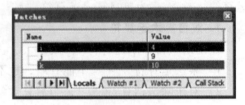

图 9-6　运行结果

10/5 * 3

　(x+r) * 8-(a+b)/7

sin(x)+sin(y)

在 C51 语言中，算术表达式的求值规律与数学中的四则运算规律类似，其运算规则和要求如下：

1）在表达式中，可使用多层、配对的圆括号。运算时从内层圆括号开始，由内向外依次计算表达式的值。例如

((i-5) * y+6)/2.0 先计算 i-5 的值，再依次向外层计算。

2）在表达式中，按运算符优先级顺序求值。若运算符的优先级相同，则按规定的结合方向运算。例如

2 * 3%4 =(2 * 3)%4 = 2

9.6.2　赋值运算符与赋值表达式

从表 9-7 中可以看出，双目的赋值运算符有两种：赋值运算符（=），复合赋值运算符（+=、-=、 * =、/=等）。它们的优先级均为 14 级，结合性都是从右至左。

1. 赋值运算符与赋值表达式

在 C51 语言中，符号"="称为赋值运算符。由赋值运算符组成的表达式称为赋值表达式，其一般形式如下：

变量名 = 表达式

赋值运算的功能是：先求出"="右边表达式的值，然后把此值赋给"="左边的变量，确切地说，是把数据放入以该变量为标识的存储单元中。在程序中，可以多次给一个变量赋值，因为每赋一次值，与它对应的存储单元中的数据就被更新一次。例如

a = 10 // 将 10 赋给变量 a

b = 12+a // 将（12+a）的值赋给变量 b

a = a+10 // 将（a+10）的值赋给变量 a

在使用赋值运算符时，应该注意以下几点。

1）"="与数学中的"等于号"是不同的，其含义不是等同的关系，而是进行"赋予"的操作。例如：

i = i + 1 是合法的赋值语言表达式。

2）"="的左侧只能是变量，不能是常量或表达式。例如：a + b = c 是不合法的赋值表达式。

3）"="右边的表达式也可以是一个合法的赋值表达式。例如：a = b = 7 + 1

4）赋值表达式的值为其最左边变量所得到的新值。例如：

a =（ b = 3 ）// 该表达式的值是 3

x =（ y = 6 ）+ 3 // 该表达式的值是 9

z =（ x = 16 ）∗（ y = 4 ）// 该表达式的值是 64

2. 复合赋值运算符与复合赋值表达式

在赋值运算符之前加上其他运算符可以构成复合赋值运算符。由复合赋值运算符组成的表达式称为复合赋值表达式。

C51 语言规定可以使用多种复合赋值运算符，其中，+=、-=、∗=、/= 比较常用（注意：两个符号之间不可以有空格），功能如下。

a += b // 等价于 a = a + b

a -= b // 等价于 a = a - b

a ∗= b // 等价于 a = a ∗ b

a /= b // 等价于 a = a / b

例如，若 a = 8，则表达式 a += a-= a+a 的值为-16。计算过程如下。

（1）先计算"a+a"，值为 16（注意：a 的值并没有发生改变）。

（2）再计算"a-= 16"，值为-8（注意：a 的值同时变为-8，即此时 a=-8）。

（3）最后计算"a+=-8"，值为-16。

3. 赋值运算中的数据类型转换

如果赋值号两边的数据类型不相同，系统将自动进行类型转换，即把赋值号右边表达式的类型转换为左边变量的类型，然后赋值。例如

int a = 8，b；

double x = 16.5；

b = x / a + 3；

结果变量 b 的值为 5。

例 9-7　演示赋值运算符、符合赋值运算符、自增自减运算符的使用。

```
#include <reg51. h>
#include <stdio. h>
void YanShi( void )
{
int x = 3, y = 3, z = 3;
x += y *= z;
printf( "(1)%d,%d,%d\n", x, y, z );
x++;
y++;
--z;
printf( "(2)%d,%d,%d\n", x, y, z );
x = 5;
y = x++;
x = 5;
z = ++x;
printf( "(3)%d,%d,%d\n", x, y, z );
--y;
z = ++x * 7;
printf( "(4)%d,%d,%d\n", x, y, z );
z = x++ * 8;
printf( "(5)%d,%d,%d\n", x, y, z );
x = 8;
printf( "(6)%d,%d,%d\n", x, x++, ++x );
}
void Serial_Init( void )
{
SCON = 0x50; // 串行口以方式 1 工作
TMOD |= 0x20; // 定时器 T1 以方式 2 工作
TH1 = 0xf3; // 波特率为 2400 时 T1 的初值
TR1 = 1; // 启动 T1
TI = 1; // 允许发送数据
}
void main( void )
{
Serial_Init( );
YanShi( );
}
```

在 Keil μVision2 中建立名为 MyProject 的工程，单片机选择 AT89C51，输入上述程序并以文件名 L2-7. c 存盘。然后将 L2-7. c 添加到 MyProject 中，通过编译、链接后，启动仿真，

运行程序，在 UART #1 窗口中即可观
察到程序运行的结果，如图 9-7 所示。

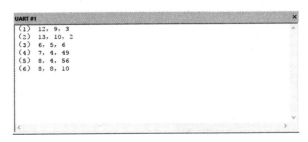

图 9-7 例 9-7 的运行结果

9.6.3 关系运算符、逻辑运算符及其表达式

无论是关系运算还是逻辑运算，其结果都会得到一个逻辑值。逻辑值只有两个，在很多高级语言中都用"真"和"假"来表示。

由于没有专门的"逻辑值"，C51 语言规定：当关系成立或逻辑运算结果为非零值（整数或负数）时为"真"，用"1"表示；否则为"假"，用"0"表示。

1. 关系运算符与关系表达式

所谓关系运算，实际上是"比较运算"，即将两个数进行比较，判断比较的结果是否符合指定的条件。在 C51 语言中有 6 种关系运算符：<、<=、>、>=、==、!=。

注意：由两个字符组成的运算符之间不能加空格。

用关系运算符将两个表达式连接起来的式子称为关系表达式。其一般形式为

表达式 1 关系运算符 表达式 2

其中的表达式可以是 C51 语言中任意合法的表达式。例如，若 a=2，b=3，c=4，则

a + b > 3 * c // 结果为 0

(a=b) < (b=10%c) // 结果为 0

(a<=b) == (b>c) // 结果为 0

'A' ! ='a' // 结果为 1

2. 逻辑运算符与逻辑表达式

C51 语言中有 3 种逻辑运算符：&&、||和!。其运算规则如表 9-8 所示。用逻辑运算符将关系表达式或其他运算对象连接起来的式子称为逻辑表达式。

表 9-8 逻辑运算规则

逻辑运算符	含 义	运算规则	说 明
&&	与运算	0&&0=0,0&&1=0, 1&&0=0,1&&1=1	全真则真
||	或运算	0||0=0, 0||1=1, 1||0=1, 1||1=1	一真则真
!	非运算	! 1=0, ! 0=1	非假则真，非真即假

注意：数学中常用的逻辑关系 x≤a≤y，C51 语言的正确写法为

(x<=a)&&(a<=y)或 x<=a && a<=y

例 9-8 演示关系运算符、逻辑运算符的使用。

```c
#include <reg51. h>
#include <stdio. h>
void Serial_Init( void )
{
    SCON = 0x50;      // 串行口以方式 1 工作
```

```
    TMOD |= 0x20；    // 定时器 T1 以方式 2 工作
    TH1 = 0xf3；      // 波特率为 2400 时 T1 的初值
    TR1 = 1；         // 启动 T1
    TI = 1；          // 允许发送数据
}
void main( )
{
    int x1，x2，x3 = 100；
    Serial_Init( )；
    x1 = 5>3>2；
    x2 = (5>3)&&(3>2)；
    printf( "(1)%d,%d,%d\n"，x1，x2，! x3 )；
    (5>3)&&(x1 = 3)；
    (5<3)&&(x2 = 5)；
    (5>3) || (x3 = 7)；
    printf( "(2)%d,%d,%d\n"，x1，x2，x3 )；
}
```

在 Keil μVision2 中建立名为 MyProject 的工程，单片机选择 AT89C51，输入上述程序并以文件名 L2-8. c 存盘。然后将 L2-8. c 添加到 MyProject 中，通过编译、链接后，启动仿真，运行程序，在 UART #1 窗口中即可观察到程序运行的结果，如图 9-8 所示。

用逻辑表达式可以表示复杂的条件，如"判断一个整型变量 a 是否在大于 1 小于 10 的范围内，并且不是 6 的整倍数"可表示为

图 9-8　例 9-8 的运行结果

$$(a >1 \ \&\& \ a<10)\&\&(\ a\%6 ! = 0)$$

9.6.4　条件运算符与条件表达式

条件运算符"？："是 C51 语言中唯一的一个三目运算符。它需要 3 个运算对象。由条件运算符和 3 个运算对象构成的表达式称为条件表达式。其一般形式为

表达式 1？表达式 2：表达式 3

条件表达式的执行过程是：先计算表达式 1，若表达式 1 的值非零，则计算表达式 2，并把表达式 2 的值作为整个表达式的值；否则，计算表达式 3，并把表达式 3 的值作为整个表达式的值，如图 9-9 所示。

例如，条件表达式（a>b）？a：b 的执行过程是：当 a>b 时，表达式取 a 的值，

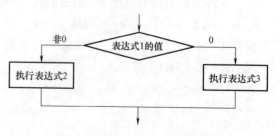

图 9-9　条件表达式执行流程图

否则取 b 的值。其作用就是求 a 和 b 中的较大者。

例 9-9　编程求解下列数学函数。

$x < -20$ 时，$y = x^3$；

$-20 \leqslant x < 10$ 时，$y = x$；

$10 \leqslant x < 20$ 时，$y = x^2$；

$x \geqslant 20$ 时，$y = x^3$

```c
#include <reg51.h>
#include <stdio.h>
void Serial_Init( void )
{
 SCON = 0x50;        // 串行口以方式 1 工作
 TMOD |= 0x20;       // 定时器 T1 以方式 2 工作
 TH1 = 0xf3;         // 波特率为 2400 时 T1 的初值
 TR1 = 1;            // 启动 T1
TI = 1;             // 允许发送数据
 }
 void main( void )
 {
 int x, y;
Serial_Init( );
 printf( "please input a integer : \n" );
scanf( "%d", &x );
 y = ( x>=20 || x<-20 )?( x*x*x ):( ( x<10 )? x : ( x*x ));
printf( "x=%d, y=%d\n", x, y );
 while( 1 );  // 原地踏步,等待
 }
```

在 Keil μVision2 中建立名为 MyProject 的工程，单片机选择 AT89C51，输入上述程序并以文件名 L2-9.c 存盘。然后将 L2-9.c 添加到 MyProject 中，通过编译、链接后，启动仿真，打开 UART#1 窗口，全速运行，当 UART#1 窗口中出现 "please input a integer:" 时，输入 "5" 并按 Enter 键，即可观察到程序运行的结果，如图 9-10 所示。

图 9-10　程序运行的结果

9.6.5　逗号运算符与逗号表达式

逗号运算符 "," 是 C51 语言提供的一种特殊运算符，用逗号运算符将两个或多个表达式连接起来的式子称为逗号表达式。一般形式为

表达式 1，表达式 2，……，表达式 n

逗号表达式的执行过程是：将逗号表达式中的各表达式按从左到右的顺序依次求值，并将最右面的表达式结果作为整个表达式的最后结果。

例 9-10　逗号运算符的使用。

```c
#include <reg51.h>
#include <stdio.h>
 void Serial_Init( void )
{
 SCON = 0x50;        // 串行口以方式 1 工作
 TMOD |= 0x20;       // 定时器 T1 以方式 2 工作
 TH1 = 0xf3;         // 波特率为 2400 时 T1 的初值
 TR1 = 1;            // 启动 T1
 TI = 1;             // 允许发送数据
}
 void main( void )
{
 unsignced int x, y, z, w;
 Serial_Init( );
 x = ( z = 2 * 3, z * 6 );
 y = ( w = 123, w++, w += 100 );
 printf( "x = %d\n y = %d\n z = %d\n w = %d\n", x, y, z, w );
 while( 1 ); // 原地踏步,等待
}
```

在 Keil μVision2 中建立名为 MyProject 的工程，单片机选择 AT89C51，输入上述程序并以文件名 L2-10.c 存盘。然后将 L2-10.c 添加到 MyProject 中，通过编译、链接后，启动仿真，打开 UART #1 窗口，全速运行，在 UART #1 窗口中即可观察到程序运行的结果，如图 9-11 所示。

图 9-11　程序运行的结果

9.7　指针与绝对地址访问

指针是 C 语言中一种重要的数据类型，合理地使用指针，可以有效地表示数组等复杂的数据结构，直接处理内存地址。Keil C51 语言除了支持 C 语言中的一般指针（Generic Pointer）外，还根据 51 系列单片机的结构特点，提供了一种新的指针数据类型——存储器指针（Memory_ Specific Pointer）。

在进行 51 系列单片机应用系统程序设计时，经常会碰到如何直接操作系统中各个存储器地址空间的问题。为此，Keil C51 语言提供了多种访问绝对地址的方法。

9.7.1 指针

Keil C51 支持一般指针和存储器指针。

1. 一般指针

一般指针的声明和使用与 C 语言基本相同，不同的是还可以定义指针本身的存储区域。一般指针的定义格式如下：

数据类型 * ［存储区域］变量名；

例如：

long * ptr；// ptr 为一个指向 long 型数据的指针，而 ptr 本身依存储模式存放

char * xdata Xptr；// Xptr 为一个指向 char 型数据的指针，而 Xptr 本身存放在 xdata 区域中

int * data Dptr；// Dptr 为一个指向 int 型数据的指针，而 Dptr 本身存放在 data 区域中

long * code Cptr；// Cptr 为一个指向 long 型数据的指针，而 Cptr 本身存放在 code 区域中

指针 ptr、Xptr、Dptr、Cptr 所指向的数据可存放于任何存储区域中。一般指针本身在存放时要占用 3 个字节。

例 9-11 一般指针的定义与使用。

```
#include <reg51. h>
char * data c_ptr;              // 定义存储在 data 区域中的 c_ptr、i_ptr、l_ptr
int * data i_ptr;
long * data l_ptr;
void main ( void )
{
char data dj;                   // 定义存储在 data 区域中的变量 dj、dk、dl
int data dk;
long data dl;
char xdata xj;                  // 定义存储在 xdata 区域中的变量 xj、xk、xl
int xdata xk;
long xdata xl;
char code cj = 9;               // 定义存储在 code 区域中的变量 cj、ck、cl,并赋初值
int code ck = 357;
long code cl = 123456789;
c_ptr = &dj;                    // 将存储在 data 区域的指针指向 data 区域中的变量
i_ptr = &dk;
l_ptr = &dl;
c_ptr = &xj;                    // 将存储在 data 区域的指针指向 xdata 区域中的变量
i_ptr = &xk;
l_ptr = &xl;
c_ptr = &cj;                    // 将存储在 data 区域的指针指向 code 区域中的变量
```

```
    i_ptr = &ck;
    l_ptr = &cl;
}
```

在 Keil C51 集成开发环境中，输入上述源程序并命名为 L2-9.c，建立名为 MyProject 的工程并将 L2-9.c 加入其中，编译、链接后进入调试状态，执行菜单命令 View→Watch &Call Stack Window 或单击按钮打开变量观察对话框，并将 3 个指针变量 c_ptr、i_ptr、l_ptr 添加到 Watch #1 中。单步运行，可以观察到指针所指向的变量的地址与内容。

2. 存储器指针

存储器的指针在说明时既可以指定指针本身的存储区域，又可以指定指针所指向变量的存储区域。存储器指针的定义格式如下：

数据类型 [存储区域 1] * [存储区域 2] 变量名；

其中，"存储区域 1"为指针所指向变量的存储区域；"存储区域 2"为指针本身的存储区域。例如：

char data * str; // str 指向 data 区域中的 char 型变量，本身按默认模式存放

int xdata * data pow; // pow 指向 xdata 区域中的 int 型变量，本身存放在 data 区域中存放存储器指针只需 1~2 个字节，因此，运行速度要比一般指针快。但是，在使用存储器指针时，必须保证指针不指向所声明的存储区域以外的地方，否则会产生错误。

例 9-12 存储器指针的定义与使用。

```
#include <reg51.h>
char data * d_ptr;                    // d_ptr 为指向 data 区域数据的指针
int xdata * x_ptr;                    // x_ptr 为指向 xdata 区域数据的指针
long code * c_ptr;                    // c_ptr 为指向 code 区域数据的指针
long code array1[ ] = { 1L, 10L };    // array1 为存储在 code 区域的 long 型数组
void main ( void )
{
    char data array2[10];             // array2 为存储在 data 区域的 char 型数组
    int xdata array3[1000];           // array3 为存储在 xdata 区域的 int 型数组
    d_ptr = &array2[0];               // d_ptr 指向 array2 的首地址
    x_ptr = &array3[0];               // x_ptr 指向 array3 的首地址
    c_ptr = &array1[0];               // c_ptr 指向 array1 的首地址
}
```

在 Keil C51 集成开发环境中，输入上述源程序并命名为 L2-12.c，建立名为 MyProject 的工程并将 L2-12.c 加入其中，编译、链接后进入调试状态，执行菜单命令 View →Watch & CallStack Window 或单击按钮打开变量观察对话框，并将 3 个指针变量 d_ptr、x_ptr、c_ptr 添加到 Watch #1 中。全速运行，可以观察到指针所指向的变量的地址与内容，如图 9-12 所示。

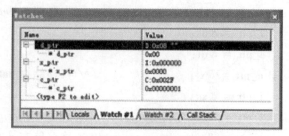

图 9-12　运行结果

9.7.2　绝对地址访问

Keil C51 语言允许在程序中指定变量存储的绝对地址，常用的绝对地址的定义方法有两种：采用关键字"_ at_ "定义变量的绝对地址；采用存储器指针指定变量的绝对地址。

1. 采用关键字_ at_

用关键字"_ at_ "定义变量的绝对地址的一般格式如下：

数据类型［存储区域］标识符 _ at_ 地址常数

"数据类型"除了可以使用 int、char、float 等基本类型外，也可以使用数组、结构等构造数据类型。

1)"存储区域"可以是 Keil C51 编译器能够识别的所有类型，如 idata、data、xdata 等。如果该选项省略，则按编译模式 Small、Compact 或 Large 规定的默认存储方式确定变量的存储区域。

2)"标识符"为要定义的变量名。

3)"地址常数"为所定义变量的绝对地址，必须位于有效的存储区域内。

例如：

int xdata FLAG _at_ 0x8000；// int 型变量 FLAG 存储在片外 RAM 中，首地址为 0x8000

利用关键字"_ at_ "定义的变量称为"绝对变量"。由于对绝对变量的操作就是对存储区域绝对地址的直接操作，因此在使用绝对变量时应注意以下问题：

1)绝对变量必须是全局变量，即只能在函数外部定义。

2)绝对变量不能被初始化。

3)函数及 bit 型变量不能用"_ at_ "进行绝对地址定位。

2. 采用存储器指针

利用存储器指针也可以指定变量的绝对存储地址，其方法是先定义一个存储器指针变量，然后对该变量赋以指定存储区域的绝对地址值。

例 9-13　利用存储器指针进行变量的绝对地址定位。

```
#include <reg51.h>
char xdata TMP _at_ 0x1000;
void main( void )
{
char xdata * cx_ptr;
char data  * cd_ptr;
cx_ptr = 0x2000;
cd_ptr = 0x35;
* cx_ptr = 0xbb;
* cd_ptr = 0xaa;
TMP = * cx_ptr;
}
```

在 Keil C51 集成开发环境中，输入上述源程序并命名为 L2-13. c，建立名为 MyProject

的工程并将 L2-13.c 加入其中，编译、链接后进入调试状态，分别打开变量观察对话框、存储器观察对话框。单步运行，在变量观察对话框可以观察到存储器指针所指向的绝对地址及其内容，如图 9-13a 所示；在存储器观察对话框可以观察到绝对变量 TMP 的内容，如图 9-13b所示。

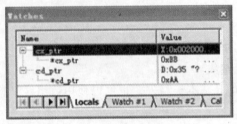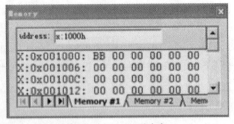

a) 绝对地址及其内容　　　　　　　　　　　　b) 绝对变量TMP的内容

图 9-13　运行结果

9.8　C语言程序应用设计

9.8.1　直流电动机起动停止控制程序设计

（1）设计要求　利用直流电动机进行启动、停止控制。

（2）系统分析　最小的单片机系统+直流电动机+两个按键。起动，施加电压；停止，不施加电压。根据设计要求分析，系统所需元器件：AT89C51、CAP 30pF、CRYSTAL 12MHz、CAP-ELEC、RES、BUTTON、MOTOR-DC。

（3）系统原理图设计　系统原理图如图 9-14 所示。

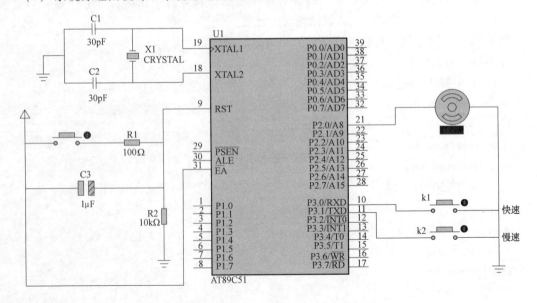

图 9-14　直流电动机起动停止控制原理图

（4）程序设计

```
#include" reg51. h"
#define uint unsigned int
#define uchar unsigned char
sbit p30 = P3^0;
sbit p31 = P3^1;
void main( void)
{
    P2 = 0x00;          //默认电动机不转动
    P3 = 0xFF;
while( 1)
{
    if( p30 = = 0)      //电动机转动
    P2 = 0xff;
    if( p31 = = 0)      //电动机停止转动
    P2 = 0X00;
  }
}
```

（5）在 Keil 中调试与仿真　创建"直流电动机起动停止控制"项目，选择单片机型号为 AT89C51，输入 C 语言源程序，保存为"直流电动机起动停止控制 . C"。将源程序"直流电动机起动停止控制 . C"添加到项目中，编译源程序，创建"直流电动机起动停止控制 . HEX"。

（6）在 Proteus 中调试程序　打开"直流电动机起动停止控制 . DSN"，双击单片机，选择程序"直流电动机转速控制 . HEX"。单击按钮进入程序运行状态。按下起动键，直流电动机开始转动；按下停止键，直流电动机会慢慢停止转动，但不会立即停止。

9. 8. 2　步进电动机转速控制程序设计

（1）设计要求　利用步进电动机进行转速控制。

（2）设计分析　最小的单片机系统+步进电动机+两个按键。利用单片机控制脉冲发生器产生一定频率的脉冲信号，脉冲分配器将产生一定规律的电脉冲输出给驱动器，可控制步进电动机的转动：转动的角度大小与施加的脉冲数成正比；转动的速度与施加的脉冲频率成正比；转动的方向与施加的脉冲顺序有关。根据设计要求分析，系统所需元器件：AT89C51、CAP 30pF、CRYSTAL 12MHz、CAP-ELEC、BUTTON、RESPACK-7、RES、MOTOR-STEPPER。

（3）系统原理图设计　系统原理图如图 9-15 所示。

（4）程序设计

```
#include" reg51. h"
#define uint unsigned int
#define uchar unsigned char
```

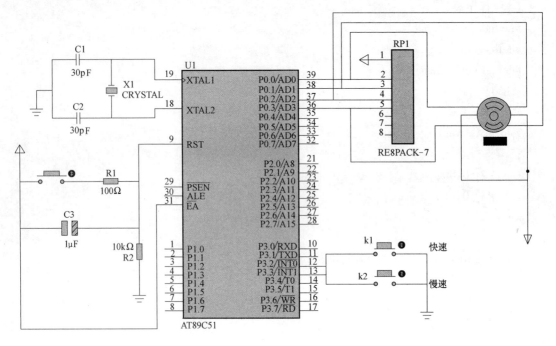

图 9-15　步进电动机转速控制原理图

```
long a = 155;
code tab[ ] = {0x01,0x02,0x04,0x08};        //正转
void    int0( ) interrupt 0
{
    a+ = 100;
    if( a>65535)
    a = 65534;
}
void    int1( ) interrupt 2
{
    a- = 100;
    if( a<0)
    a = 0;
}
void delay(n)                      //延时
{
    long i;
    for( i = 0;i<n;i++);
}
 main( )
{
```

```
        uchar i;
        EX0 = 1;                                //打开外部中断 0
        IT0 = 1;                                //下降沿触发中断 INT0
        EX1 = 1;                                //打开外部中断 1
        IT1 = 1;                                //下降沿触发中断 INT1
        EA = 1;
        while(1)
    {

        for(i = 0;i<4;i++)
    {

        P0 = tab[i];
        delay(a);

    }
    }
    }
```

（5）在 Keil 中调试与仿真　创建"步进电动机转速控制"项目，并选择单片机型号为 AT89C51，输入 C 语言源程序，保存为"步进电动机转速控制 . C"，将源程序"步进电动机转速控制 . C"添加到项目中，编译源程序，创建"步进电动机转速控制 . HEX"。

（6）在 Proteus 中调试程序　打开"步进电动机转速控制 . DSN"，双击单片机，选择程序"步进电动机转速控制 . HEX"。

单击按钮进入程序运行状态，按下快速键，步进电动机转速加快；按下慢速键，步进电动机转速减慢。

本 章 总 结

合法的标识符由字母、数字和下划线组成，且第一个字符必须为字母或下划线。C51 语言的标识符可以分为 3 类：关键字、预定义标识符和用户标识符。

在程序运行过程中其值始终不变的量称为常量。在 C51 语言中，可以使用整型常量、实型常量、字符型常量。

在程序运行过程中其值可以改变的量称为变量。存储变量所需的字节数以及变量的取值范围，即变量的内在存储方式称为数据类型。为了更加有效地利用 51 系列单片机的内部资源，C51 语言扩展了 4 种基本数据类型，即 bit、sbit、sfr、sfr16。

凡是合法的表达式都有一个值，即运算结果。当不同的运算符出现在同一表达式中时，运算的先后次序取决于运算符优先级的高低以及运算符的结合性。

51 系列单片机应用系统的存储器分为 5 个区域：片内程序存储器、片外程序存储器、片内数据存储器、片内特殊功能寄存器、片外数据存储器。针对 51 系列单片机应用系统存储器的结构特点，Keil C51 编译器把数据的存储区域分为 6 种类型：data、bdata、idata、xdata、pdata、code。

C51 语言除了支持 C 语言中的一般指针外，还支持存储器指针。

C51 语言提供了多种访问绝对地址的方法。

习　题

9-1　C51 扩展了哪几种数据类型？

9-2　C51 有哪几种数据存储类型？

9-3　简述 C51 对单片机特殊功能寄存器定义的方法。

9-4　已知单片机时钟频率是 12MHz，用 T1 实现从 P1.1 产生高电平宽度是 10ms，低电平宽度是 20ms 的方波，用 C 语言编程实现此要求。

附　　录

表 A-1　数据传送类指令

助记符	操作码	功　　能	对标志位影响				字节数	晶振周期
			P	OV	AC	CY		
MOV　A,Rn	E8~EF	(A)←(Rn)	√	×	×	×	1	12
MOV　A,direct	E5	(A)←(direct)	√	×	×	×	2	12
MOV　A,@Ri	E6,E7	(A)←((Ri))	√	×	×	×	1	12
MOV　A,#data	74	(A)←data	√	×	×	×	2	12
MOV　Rn,A	F8~FF	(Rn)←(A)	×	×	×	×	1	12
MOV　Rn,direct	A8~AF	(Rn)←(direct)	×	×	×	×	2	24
MOV　Rn,#data	78~7F	(Rn)←data	×	×	×	×	2	12
MOV　direct,A	F5	(direct)←(A)	×	×	×	×	2	12
MOV　direct,Rn	88~8F	(direct)←(Rn)	×	×	×	×	2	24
MOV　direct1,direct2	85	(direct1)←(direct2)	×	×	×	×	3	24
MOV　direct,aRi	86,87	(direct)←((Ri))	×	×	×	×	2	24
MOV　direct,#data	75	(direct)←data	×	×	×	×	3	24
MOV　@Ri,A	F6,F7	((Ri))←(A)	×	×	×	×	1	12
MOV　@Ri,direct	A6,A7	((Ri))←(direct)	×	×	×	×	2	24
MOV　@Ri,#data	76,77	((Ri))←data	×	×	×	×	2	12
MOV　DPTR,#data	90	(DPTR)←data	×	×	×	×	3	24
MOV　C,bit	A2	(CY)←(bit)	×	×	×	√	2	12
MOV　bit,C	92	(bit)←(CY)	×	×	×	×	2	24
MOVC　A,@A+DPTR	93	(A)←((A)+(DPTR))	√	×	×	×	1	24
MOVC　A,@A+PC	83	(A)←((A)+(PC))	√	×	×	×	1	24
MOVX　A,@Ri	E2,E3	(A)←((P2)+(Ri))	√	×	×	×	1	24
MOVX　A,@DPTR	E0	(A)←((DPTR))	√	×	×	×	1	24
MOVX　@Ri,A	F2,F3	((Ri)+(P2))←(A)	×	×	×	×	1	24
MOVX　@DPTR,A	F0	((DPTR))←(A)	×	×	×	×	1	24
PUSH　direct	C0	(SP)←(SP)+1　((SP))→(direct)	×	×	×	×	2	24
POP　direct	D0	(direct)←((SP))　(SP)→(SP)-1	×	×	×	×	2	24
XCH　A,Rn	C8~CF	(A)←→(Rn)	√	×	×	×	1	12
XCH　A,direct	C5	(A)←→(direct)	√	×	×	×	2	12
XCH　A,@Ri	C6,C7	(A)←→((Ri))	√	×	×	×	1	12
XCHD　A,@Ri	C6,D7	(A)3~0←→((Ri))3~0	√	×	×	×	1	12

表 A-2　算术运算类指令

助记符	操作码	功　能	P	OV	AC	CY	字节数	晶振周期
ADD　A,Rn	28~2F	(A)←(A)+(Rn)	√	√	√	√	1	12
ADD　A,direct	25	(A)←(A)+(direct)	√	√	√	√	2	12
ADD　A,@Ri	26,27	(A)←(A)+((Ri))	√	√	√	√	1	12
ADD　A,#data		(A)←(A)+data	√	√	√	√	2	
ADDC　A,Rn	38~3F	(A)←(A)+(Rn)+(CY)	√	√	√	√	1	12
ADDC　A,direct	35	(A)←(A)+(direct)+(CY)	√	√	√	√	2	12
ADDC　A,@Ri	36,37	(A)←(A)+((Ri))+(CY)	√	√	√	√	1	12
ADDC　A,#data	34	(A)←(A)+data+(CY)	√	√	√	√	2	12
SUBB　A,Rn	98~9F	(A)←(A)-(Rn)-(CY)	√	√	√	√	1	12
SUBB　A,direct	95	(A)←(A)-(direct)-(CY)	×	√	√	√	2	12
SUBB　A,@Ri	96,97	(A)←(A)-((Ri))-(CY)	√	√	√	√	1	12
SUBB　A,#data	94	(A)←(A)-data-(CY)	√	√	√	√	2	12
INC　A	04	(A)←(A)+1	√	×	×	×	1	12
INC　Rn	08~0F	(Rn)←(Rn)+1	×	×	×	×	1	12
INC　direct	05	(direct)←(direct)+1	×	×	×	×	2	12
INC　@Ri	06,07	((Ri))←((Ri))+1	×	×	×	×	1	12
INC　DPTR	A3	(DPTR)←(DPTR)+1	×	×	×	×	1	24
DEC　A	14	(A)←(A)-1	√	×	×	×	1	12
DEC　Rn	18~1F	(Rn)←(Rn)-1	×	×	×	×	1	12
DEC　direct	15	(direct)←(direct)-1	×	×	×	×	2	12
DEC　@Ri	16,17	((Ri))←((Ri))-1	×	×	×	×	1	12
MUL　AB	A4	(A)(B)←(A)×(B)	√	√	×	√	1	48
DIV　AB	84	(A)(B)←(A)÷(B)	√	√	×	√	1	48
DA　A	D4	对(A)进行十进制调整	√	√	√	√	2	12

表 A-3　逻辑运算类指令

助记符	操作码	功　能	P	OV	AC	CY	字节数	晶振周期
ANL　A,Rn	58~5F	(A)←(A)∧(Rn)	√	×	×	×	1	12
ANL　A,direct	55	(A)←(A)∧(direct)	√	×	×	×	2	12
ANL　A,@Ri	56,57	(A)←(A)∧((Ri))	√	×	×	×	1	12
ANL　A,#data	54	(A)←(A)∧data	√	×	×	×	2	12
ANL　direct,A	52	(direct)←(direct)∧(A)	×	×	×	×	2	12
ANL　direct,#data	53	(direct)←(direct)∧data	×	×	×	×	3	24
ORL　A,Rn	48~4F	(A)←(A)∨(Rn)	√	×	×	×	1	12
ORL　A,direct	45	(A)←(A)∨(direct)	√	×	×	×	2	12
ORL　A,@Ri	46,47	(A)←(A)∨((Ri))	√	×	×	×	1	12
ORL　A,#data	44	(A)←(A)∨data	√	×	×	×	2	12
ORL　direct,A	42	(direct)←(direct)∨(A)	×	×	×	×	2	12
ORL　direct,#data	43	(direct)←(direct)∨data	×	×	×	×	3	24

（续）

助记符	操作码	功　能	对标志位影响				字节数	晶振周期
			P	OV	AC	CY		
XRL　A，Rn	68~6F	（A）←（A）⊕（Rn）	√	×	×	×	1	12
XRL　A，direct	65	（A）←（A）⊕（direct）	√	×	×	×	2	12
XRL　A，@ Ri	66，67	（A）←（A）⊕（（Ri））	√	×	×	×	1	12
XRL　A，#data	64	（A）←（A）⊕data	√	×	×	×	2	12
XRL　direct，A	62	（direct）←（direct）⊕（A）	×	×	×	×	2	12
XRL　direct，#data	63	（direct）←（direct）⊕data	×	×	×	×	3	24
CLR　A	E4	（A）←0	√	×	×	×	1	12
CPL　A	F4	（A）←（$\overline{A}$）	×	×	×	×	1	12
RL　A	23	（A）循环左移一位	×	×	×	×	1	12
RLC　A	33	（A），（CY）循环左移一位	√	×	×	√	1	12
RR　A	03	（A）循环右移一位	×	×	×	×	1	12
RRC　A	13	（A），（CY）循环右移一位	√	×	×	√	1	12
SWAP　A	C4	（A）半字节交换	×	×	×	×	1	12
CLR　C	C3	（CY）←0	×	×	×	√	1	12
CLR　bit	C2	（bit）←0	×	×	×	×	2	12
SETB　C	D3	（CY）←1	×	×	×	√	1	12
SETB　bit	D2	（bit）←1	×	×	×	×	2	12
CPL　C	B3	（CY）←（$\overline{CY}$）	×	×	×	√	1	12
CPL　bit	B2	（bit）←（$\overline{bit}$）	×	×	×	×	2	12
ANL　C，bit	82	（CY）←（CY）∧（bit）	×	×	×	√	2	24
ANL　C，/bit	B0	（CY）←（CY）∧（$\overline{bit}$）	×	×	×	√	2	24
ORL　C，bit	72	（CY）←（CY）∨（bit）	×	×	×	√	2	24
ORL　C，/bit	A0	（CY）←（CY）∨（$\overline{bit}$）	×	×	×	√	2	24

表 A-4　控制转移类指令

助记符	操作码	功　能	对标志位影响				字节数	晶振周期
			P	OV	AC	CY		
ALMP　addr11	Y1	（PC）←（PC）+2 （PC）10-0←addr11	×	×	×	×	2	24
LJMP　addr16	02	（PC）←addr16	×	×	×	×	3	24
SJMP　rel	80	（PC）←（PC）+2 （PC）←（PC）+rel	×	×	×	×	2	24
JMP　@ A+DPTR	73	（PC）←（A）+（DPTR）	×	×	×	×	1	24
JZ　rel	60	（PC）←（PC）+2，若（A）=0， 则（PC）←（PC）+rel	×	×	×	×	2	24
JNZ　rel	70	（PC）←（PC）+2，若（A）≠0， 则（PC）←（PC）+rel	×	×	×	×	2	24
JC　rel	40	（PC）←（PC）+2，若（CY）=1， 则（PC）←（PC）+rel	×	×	×	×	2	24
JNC　rel	50	（PC）←（PC）+2，若（CY）=0， 则（PC）←（PC）+rel	×	×	×	×	2	24
JB　bit，rel	20	（PC）←（PC）+3，若（bit）=1， 则（PC）←（PC）+rel	×	×	×	×	3	24
JNB　bit，rel	30	（PC）←（PC）+3，若（bit）=0， 则（PC）←（PC）+rel	×	×	×	×	3	24
JBC　bit，rel	10	（PC）←（PC）+3，若（bit）=1，则（bit）←0	×	×	×	×	3	24

（续）

助记符	操作码	功　能	对标志位影响				字节数	晶振周期
			P	OV	AC	CY		
CJNE　A,direct,rel	B5	(PC)←(PC)+rel (PC)←(PC)+3 若(A)>(direct),则 (PC)←(PC)+rel,(CY)←0 若(A)<(direct),则 (PC)←(PC)+rel,(CY)←1	×	×	×	√	3	24
CJNE　A,#data,rel	B4	(PC)←(PC)+3 若(A)>data,则 (PC)←(PC)+rel,(CY)←0 若(A)<data,则 (PC)←(PC)+rel,(CY)←1	×	×	×	√	3	24
CJNE　Rn,#data,rel	B8~BF	(PC)←(PC)+3 若(Rn)>data,则 (PC)←(PC)+rel,(CY)←0 若(Rn)<data,则 (PC)←(PC)+rel,(CY)←1	×	×	×	√	3	24
CJNE　@Ri,#data,rel	B6,B7	(PC)←(PC)+3 若((Ri))>data,则 (PC)←(PC)+rel,(CY)←0 若((Ri))<data,则 (PC)←(PC)+rel,(CY)←1	×	×	×	√	3	24
DJNZ　Rn,rel	D8~DF	(PC)←(PC)+2 (Rn)>(Rn)-1 若(Rn)≠0,则 (PC)←(PC)+rel	×	×	×	√	2	24
DJNZ　direct,rel	D5	(PC)←(PC)+3 (direct)>(direct)-1 若(direct)≠0,则 (PC)←(PC)+rel	×	×	×	×	3	24
ACALL　addr11	X1	(PC)←(PC)+2 (SP)←(SP)+1 ((SP))←(PCL) (SP)←(SP)+1 ((SP))←(PCH) (PC)10-0←addr11	×	×	×	×	3	24
LCALL　addr16	12	(PC)←(PC)+3 (SP)←(SP)+1 ((SP))←(PCL) (SP)←(SP)+1 ((SP))←(PCH) (PC)←addr16	×	×	×	×	3	24
RET	22	(PCH)←((SP)) (SP)←(SP)-1 (PCL)←((SP)) (SP)←(SP)-1	×	×	×	×	1	24
RETI	32	(PCH)←((SP)) (SP)←(SP)-1 (PCL)←((SP)) (SP)←(SP)-1 从中断返回	×	×	×	×	1	24
NOP	00	(PC)←(PC)+1,空操作	×	×	×	×	1	12

Y=0,2,4,6,8,A,C,E; X=1,3,5,7,9,B,D,F

附录 B　ASCII（美国信息交换标准码）表

十进制	十六进制	缩写/字符	十进制	十六进制	缩写/字符
000	000	NUL	032	020	SP
001	001	SOH	033	021	!
002	002	STX	034	022	"
003	003	ETX	035	023	#
004	004	EOT	036	024	$
005	005	ENQ	037	025	%
006	006	ACK	038	026	&
007	007	BEL	039	027	'
008	008	BS	040	028	(
009	009	HT	041	029	)
010	00A	LF	042	02A	*
011	00B	VT	043	02B	+
012	00C	FF	044	02C	,
013	00D	CR	045	02D	—
014	00E	SO	046	02E	.
015	00F	SI	047	02F	/
016	010	DLE	048	030	0
017	011	DC1	049	031	1
018	012	DC2	050	032	2
019	013	DC3	051	033	3
020	014	DC4	052	034	4
021	015	NAK	053	035	5
022	016	SYN	054	036	6
023	017	ETB	055	037	7
024	018	CAN	056	038	8
025	019	EM	057	039	9
026	01A	SUB	058	03A	:
027	01B	ESC	059	03B	;
028	01C	FS	060	03C	<
029	01D	GS	061	03D	=
030	01E	RS	062	03E	>
031	01F	US	063	03F	?

（续）

十进制	十六进制	缩写/字符	十进制	十六进制	缩写/字符
064	040	@	096	060	`
065	041	A	097	061	a
066	042	B	098	062	b
067	043	C	099	063	c
068	044	D	100	063	d
069	045	E	101	065	e
070	046	F	102	066	f
071	047	G	103	067	g
072	048	H	104	068	h
073	049	I	105	069	i
074	04A	J	106	06A	j
075	04B	K	107	06B	k
076	04C	L	108	06C	l
077	04D	M	109	06D	m
078	04E	N	110	06E	n
079	04F	O	111	06F	o
080	050	P	112	070	p
081	051	Q	113	071	q
082	052	R	114	072	r
083	053	S	115	073	s
084	054	T	116	074	t
085	055	U	117	075	u
086	056	V	118	076	v
087	057	W	119	077	w
088	058	X	120	078	x
089	059	Y	121	079	y
090	05A	Z	122	07A	z
091	05B	[	123	07B	{
092	05C	\	124	07C	|
093	05D	]	125	07D	}
094	05E	∧	126	07E	~
095	05F	—	127	07F	DEL

ASCII 表中符号说明：

NUL	(Null)空	DC1	设备控制1
SOH	标题开始	DC2	设备控制2
STX	正文开始	DC3	设备控制3
ETX	本文结束	DC4	设备控制4
EOT	传输结束	NAK	否定
ENQ	询问	SYN	空转同步
ACK	(Acknowledgment)收到通知	ETB	信息组传送结束
BEL	(Bell)报警符	CAN	(Cancel)取消/作废
BS	(Backspace)退一格	EM	纸尽
HT	(Horizontal)横向列表	SUB	减
LF	换行	ESC	换码
VT	(Vertical)垂直制表	FS	文字分隔符
FF	走纸控制	GS	组分隔符
CR	回车	RS	记录分隔符
SO	移位输出	US	单元分隔符
SI	移位输入	SP	(Space)空格
DLE	数据链换码		

附录 C　Keil 和 Proteus 仿真调试步骤速查表

步骤	操作名称	操作内容及注意事项
1	建立 Keil 工程文件（ * . uv2）	在硬盘空间中为一个工程单独创建一个文件夹,并将工程建立在此文件夹中 在创建工程中会提示为工程而选择所使用的目标芯片(厂家、型号等) 如果采用汇编的格式编程时,必须删除该工程自动创建的"STARTUP. A51"程序;如果采用 C51 编程:必须将该文件中的"CSEG AT　0"语句修改为"CSEG AT 0x8000"
2	为工程建立一个程序文件（ * . asm 或 * . c）并保存	建立、编辑程序文件。注意程序起始地址为 8000H 开始的单元,中断矢量也要做相应的修改(8003H ~ 8023H) 也可将编好的文件粘贴到编辑的窗口中 编辑完成后进行保存,默认的存储路径在该工程所处的文件夹中 注意:保存后,程序清单应当出现颜色上的区分
3	将程序文件"添加"到工程项目中	添加的过程中要给定"文件名"和"扩展名" Keil 软件支持两种程序文件格式:汇编格式和 C 语言格式,编程者应根据需要进行设定 添加成功后在"工程窗口"中会显示出该程序文件
4	设定"Proteus"环境的相关参数、填写相关的选项卡	单击工程菜单下的"Options for Target 'Target1'"进行相关参数的设定: Target 选项:"Xtal"中的参数:改为 12 或 6MHz Output 选项中"Great Hex file" Debug 选项:选择"Use"项(在线调试),选中" Proteus VSM Monitor-51 Driver" 最后选择"确定"
5	编译程序文件	选择"Project"中的"Rebuild all Target files",实现对程序文件的编译与连接 如果提示错误,使用鼠标双击错误提示行,这样在对应的语句上出现蓝色箭头

（续）

步骤	操作名称	操作内容及注意事项
6	Proteus 中设计硬件系统	在 Proteus 中，新建文档，选择器件，连接电路，保存，双击单片机芯片在"Program File"选项中选中要下载的程序的 hex 文件，点击"OK"，再点击 Play
7	Keil 中使用各种方法调试程序	单击工程菜单下的"Options for Target 'Target1'"进行相关参数的设定： Target 选项："Xtal"中的参数：改为 12 或 6MHz Output 选项中"Great Hex file" Debug 选项：选择"Use Simulator"项 最后选择"确定" 单击"Debug"下拉菜单中的"Start/Stop Debug Session"命令，将上位机中编译成功的用户目标文件下载到仿真器中 如果下载成功会在上位机的屏幕左边的"Project Workspace"中显示各个寄存器的信息 单步运行：分为跟踪型单步（Step）、通过型单步（Step Over） 断点方式：一种高效率的运行模式 单步与断点方式是通过观察变量来检查程序的运行结果。在调试程序中是最有效的调试手段 全速运行（go）：这种方式可以通过相关的接口电路的运行状态来验证程序的正确性。应当说明：此时上位机的屏幕信息是停留在运行前的状态，而程序运行中的相关状态是无法显示在屏幕上的
8	结束运行模式	当程序运行在"全速运行"模式时，要想退出调试状态时必须首先进行手动复位（可直接对仿真器上的复位开关操作）然后单击"Debug"下拉菜单中的"Start/Stop Debug Session"命令，使系统退出调试状态 当程序处于"单步"或"断点"方式时可直接使用鼠标点击"Debug"下拉菜单中的"Start/Stop Debug Session"命令，使系统退出调试状态（当然也可使用手动复位的方式）

参 考 文 献

［1］ 梅丽凤. 单片机原理及接口技术 ［M］. 北京：清华大学出版社，2006.

［2］ 张毅刚. 单片机原理及应用 ［M］. 北京：高等教育出版社，2007.

［3］ 胡汉才. 单片机原理及接口技术 ［M］. 北京：清华大学出版社，2015.

［4］ 张靖武. 单片机原理、应用与 PROTEUS 仿真 ［M］. 北京：电子工业出版社，2015.

［5］ 张毅刚. MCS-51 单片机应用设计 ［M］. 哈尔滨：哈尔滨工业大学出版社，2008.

［6］ 江力. 单片机原理与应用技术 ［M］. 北京：清华大学出版社，2006.

［7］ 李英顺. 单片机原理及应用 ［M］. 北京：中国水利水电出版社，2010.

［8］ 彭勇. 单片机技术 ［M］. 北京：电子工业出版社，2009.

［9］ 李建忠. 单片机原理及应用 ［M］. 西安：西安电子科技大学出版社，2008.

［10］ 张萌，和湘，姜斌. 单片机应用系统开发 ［M］. 北京：清华大学出版社，2007.

［11］ 曹克澄. 单片机原理及应用 ［M］. 北京：机械工业出版社，2013.

［12］ 王东峰，陈园园，郭向阳. 单片机 C 语言应用 100 例 ［M］. 北京：电子工业出版社，2015.